U0038481

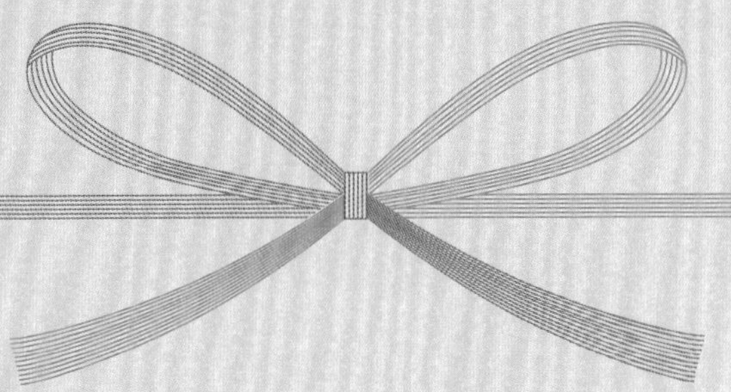

わがし

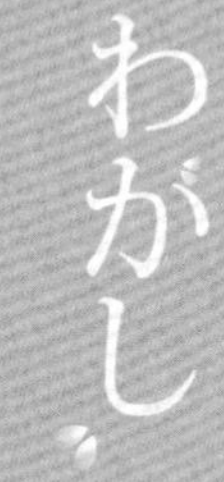
わがし

わがし

微波爐就能作！

輕鬆手揉12個月の和菓子

一次學會46款超人氣和菓子

松井ミチル◎著

序

春天讓人聯想起緋色的櫻餅；夏天喜歡冰冰涼涼的寒天錦玉；秋天的定番是濃郁的栗子羊羹；冬天則是傳統的葩餅。從品嚐當令和菓子中，感受四季變化之美。

一般人認為自己動手作和菓子有些難度，大多傾向直接購買，其實只要家中備有微波爐與烘焙紙，即使沒有專門的烘焙器具，也能輕鬆完成大福之類的和菓子，甚至手作「上生菓子」。

深受人們喜愛的丸子與柏餅等，也適合以微波爐製作，即使量少也能在短時間內順利完成。

華麗的金團備好餡料，只要捏好外型就能輕鬆完成。

麻糬類的用粉，以米製粉為主原料，種類有白玉粉、上新粉、細糯米粉及在來米粉等，光是白玉粉就能變化出形形色色的和菓子呢！

本書收錄了，從1月至12月的當令和菓子，每個月的和菓子皆巧妙地融入了季節的變化。

和菓子是日本最美好的傳統文化。從欣賞精緻的外觀，和品嚐和菓子中，感受其中蘊含的日本精神，不妨藉由手作和菓子體會日本的四季之美吧！

首先，嘗試以市售豆餡製作和菓子，稍微上手之後，再親手製作豆餡菓子送給親朋好友吧！小巧玲瓏的外型，吃起來健康無負擔，一定很討人喜歡！

2014年10月　松井ミチル

目錄

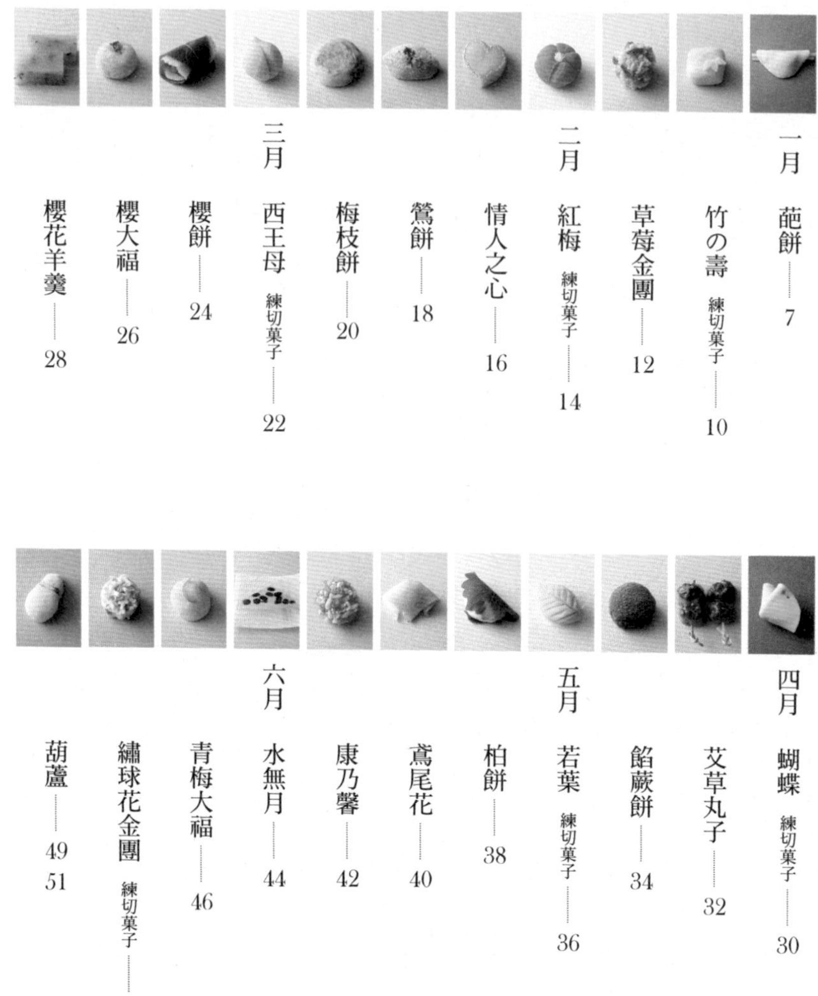

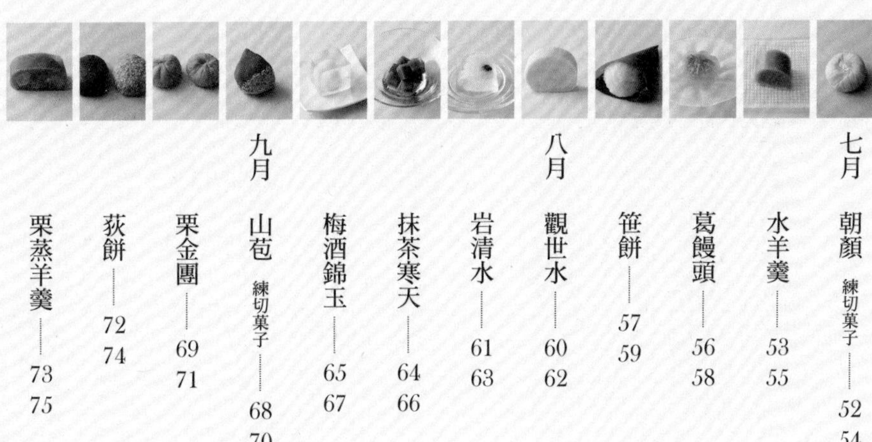

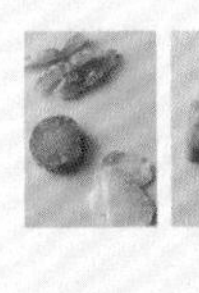
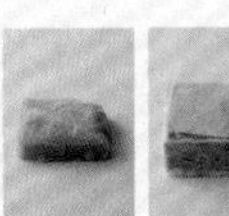

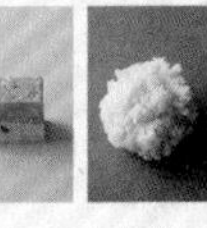

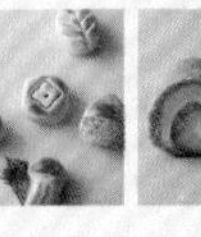
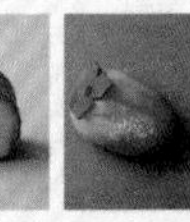
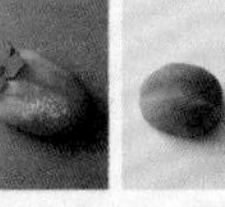
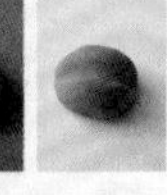

目錄

本書備註

＊微波爐加熱時，功率設定為600W。
＊若無特別提及，則無須覆蓋保鮮膜，請直接放入微波爐加熱即可。
＊若市售紅豆餡較硬時，可加熱水調整；較軟時，可放入微波爐加熱使水分蒸發。
＊練切麵團的作法請參照P.106。
＊麵團的染色方法請參照P.109。

葩餅

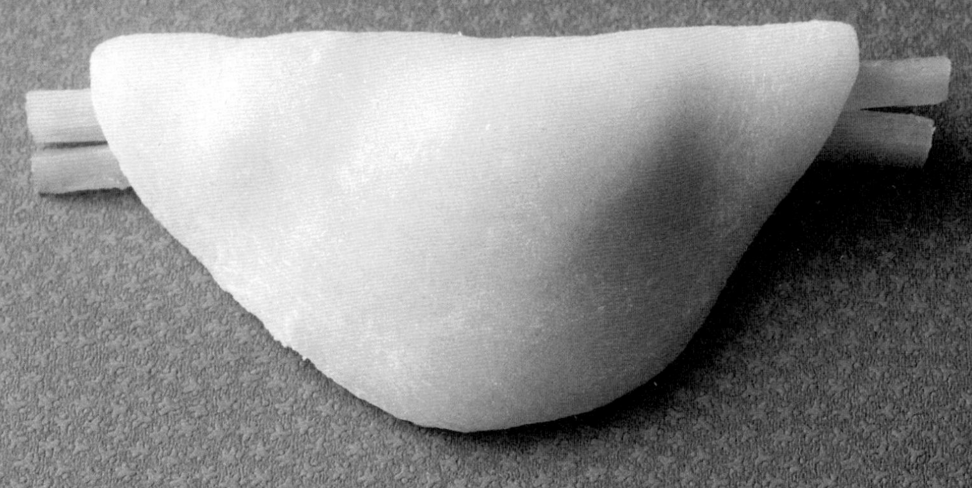

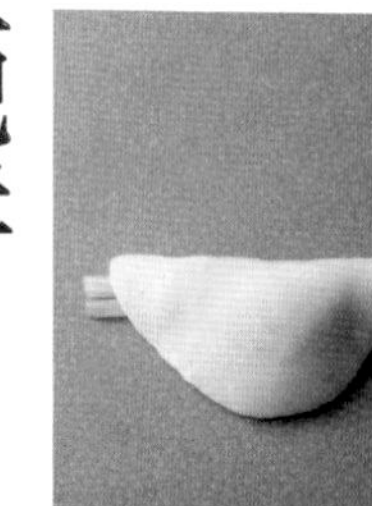

葩餅

日本宮廷儀式或年節時享用的和菓子。一起來品嚐白味噌與牛蒡豐富的香氣吧！

材料（8份）

白玉粉 …………… 100g
砂糖 …………… 80g
水 …………… 180cc
味噌餡
白豆沙 …………… 50g
白味噌 …………… 50g
水飴 …………… 50g
食用色素（紅）
太白粉（手粉）…………… ½杯
牛蒡 …………… 10cm×2條
砂糖 …………… 2大匙
（烹飪用具）擀麵棍

1 牛蒡縱切一半，川燙至軟化後，撈起切成16條。將砂糖倒入鍋中，加水至蓋過砂糖表面（適量），煮至水分收乾即可。

2 味噌餡用料倒入耐熱容器中攪拌後，放入微波爐設定為3分鐘，加熱中途按暫停取出攪拌2次，微波完成後待水分蒸發，待涼備用。

3 接著製作麵團。白玉粉倒入耐熱容器中，將水一點一點分次加入後，攪拌至滑順（A），再加入砂糖。

＊白玉粉攪拌至糊狀。

4 保鮮膜覆於耐熱容器上（B），放入微波爐加熱3分鐘後取出攪拌（C），再放進微波爐加熱3分鐘。從微波爐取出後，將麵團攪拌均勻（D）。

＊中途將未熟與熟透的部分拌勻。

5 將¾的麵團置於鋪有太白粉的砧板上（E），分成8等分揉圓，再以擀麵棍擀成直徑8cm的圓皮（F）。

＊擀麵皮時，要均勻平坦請勿集中在某處。

以廚房布巾擦掉太白粉。

6 將剩下¼的麵團以溶解後的食用色素染成紅色，放置於鋪有太白粉的砧板上，擀成8×16cm的薄皮後，切成8張邊長4cm的正方形（G），再擦掉太白粉。

7 將**6**的正方形薄皮置於**5**的圓皮上，沿著正方形的對角線放上2條牛蒡，舀1小匙**2**的味噌餡放到牛蒡上（H），最後將圓皮對摺即完成。

E
A
F
B
G
C
H
D

竹の壽

練切菓子

希望生活能竹子般柔美堅韌。此款練切菓子呈現出嫩竹綠的清爽感。

A

材料（10份）
練切麵糰 ………… 280g
紅豆泥 ………… 150g
食用色素（綠・黃）
（烹飪用具）1.5×2.5cm的竹葉形壓模

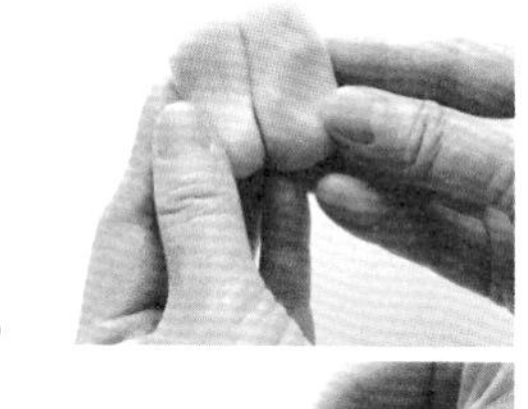

B

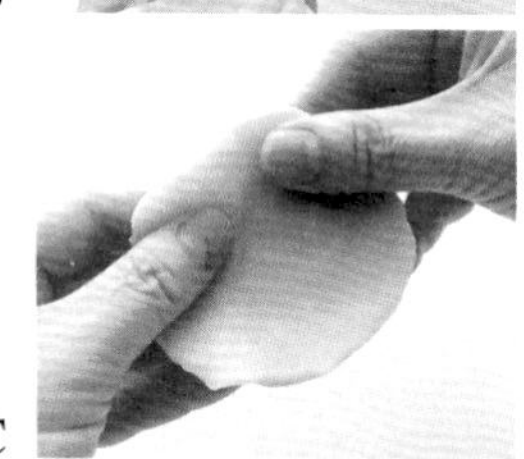

C

D

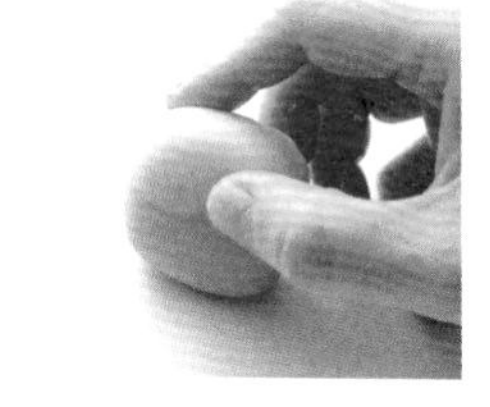

E

1 將紅豆泥分成10等分，分別揉圓備用。

2 將150g的練切麵團以溶解後的綠色及黃色食用色素染成黃綠色。

3 再將**2**的麵團分成20g的小麵團，擀成薄皮後，以模具在薄皮上壓出10片竹葉（A），並以刀背在竹葉上畫出葉脈。

4 將剩下的黃綠色麵團分成10等分揉圓，沒有染色的白色麵團也分成10等分揉圓。

5 將黃綠色與白色麵團並排黏在一起（B）後，擀成薄圓形（C），並將**1**的紅豆泥球包入圓皮中（D）。再把圓球輕敲成四方形（E），最後在白色外皮擺上**3**的竹葉裝飾即完成。

＊每邊咚咚地敲一敲，就能變成四方形。

草莓金團

金團內包有大顆草莓，外皮裹著粉紅色顆粒狀豆沙，春天的到來令人充滿期待！

材料（8份）

草莓（小）…………8顆

白豆沙…………200g

食用色素（粉紅或紅）

裝飾用草莓…………2顆

（烹飪用具）篩網・竹籤

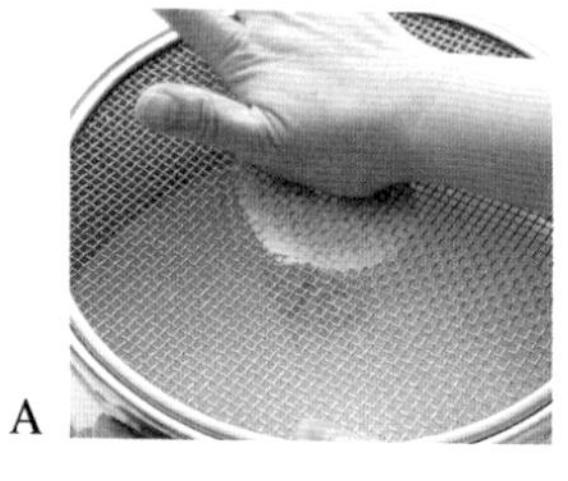

A

B

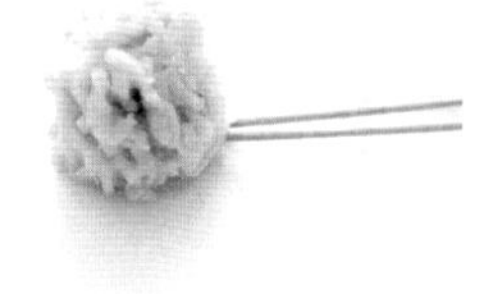

C

1 白豆沙以少量溶解後的食用色素染成粉紅色。

2 草莓洗淨去蒂，擦乾水分。

3 將粉紅色豆沙分成8等分，分別揉圓備用。

4 將3稍微壓扁後，放在粗篩網上，壓篩成顆粒狀（A）。

5 以竹籤由下往上，從草莓底部裝飾上顆粒狀的粉紅色豆沙(B)。

＊以竹籤將表面刮成圓球形(C)。

6 將草莓切成小塊，裝飾於5的表面。

紅梅

練切菓子

冬天的庭院前，綻放著艷紅的梅花。以五朵花瓣勾勒出紅梅嬌俏的模樣。

材料（10份）

練切麵糰 ………… 280g

紅豆泥 ………… 150g

食用色素（紅·黃）

（烹飪用具）茶篩網

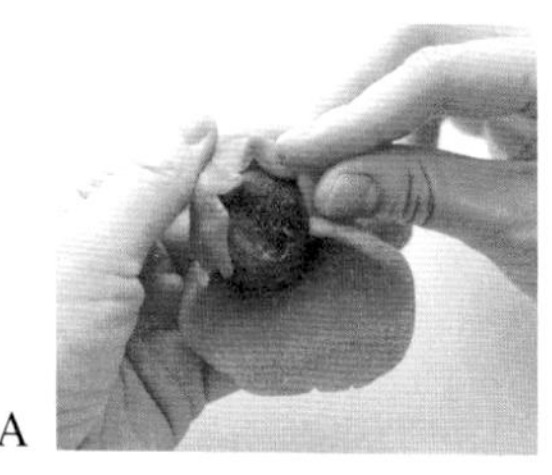

A

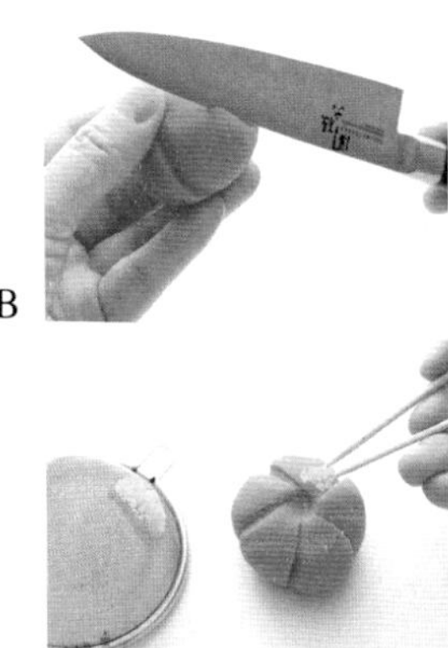

B

C

1 將紅豆泥分成10等分，分別揉圓備用。

2 將270g的練切麵團以溶解後的食用色素染成紅色，並分成10等分。

剩下的10g練切麵團染成黃色。

3 將紅色麵團分別擀成薄圓形，並將1的紅豆泥球包入圓皮中（A）。

4 以刀背畫上5條等分線（B），勾勒出花瓣的模樣。

＊畫線時，讓菜刀稍微向右傾斜，使花瓣呈現立體感。

5 以小指在中央壓出一個花心凹槽後，擺上茶篩網壓篩出的黃色顆粒即完成（C）。

情人之心

將柔軟的米粉麵團製成心形外皮，包裹著滿滿的白豆沙混蛋黃泥內餡，作成甜蜜的情人之心。

材料（6份）※蛋素

白玉粉	15g	白豆沙	120g
上新粉	35g	水煮蛋的蛋黃	1個
砂糖	60g	銀色糖珠	適量
水	80cc	蛋白	少許
食用色素（粉紅或紅）		太白粉（手粉）	適量

（烹飪用具）竹籤

1 在白豆沙中加入水煮蛋的蛋黃，攪拌均勻後分成6等分，揉圓備用。

2 白玉粉倒入耐熱容器中，將水分次一點點地加入攪拌至滑順（A），再加入上新粉及砂糖以攪拌器拌勻。

＊白玉粉攪拌至糊狀。

3 白玉麵團以少量溶解後的食用色素染成粉紅色，保鮮膜覆於耐熱容器上，放入微波爐加熱3分鐘。

4 以木勺將3攪拌均勻（B），手沾濕將其分成6等分，每包一個就沾一下太白粉，並包入1的白豆沙混蛋黃泥（C）。

＊若6個小麵團同時沾上太白粉，捏皮時太白粉會散開不均勻。

5 以刀背輕輕壓出心形的凹槽（D），另一邊捏成尖尖的心尖。以竹籤沾蛋白在表面畫出愛心，趁蛋白還沒乾之前黏上銀色糖珠。

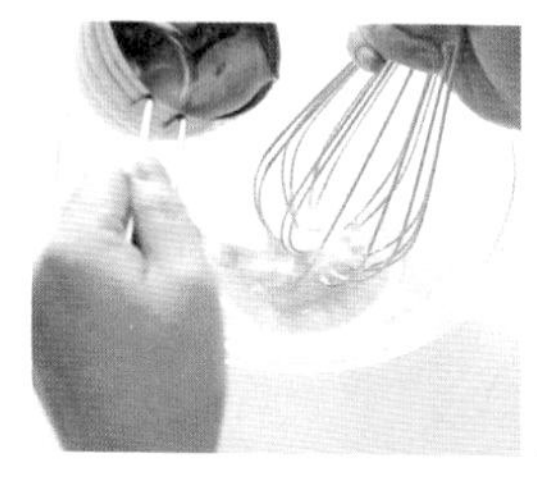

A

B

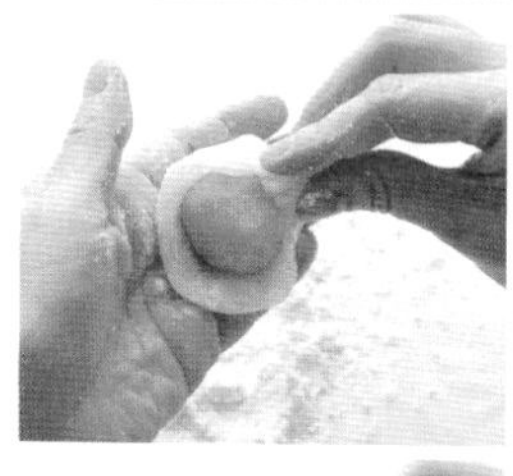

C

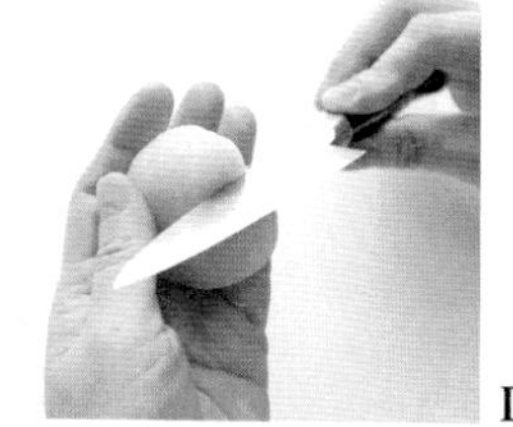

D

鶯餅

外皮軟嫩的求肥麵團包裹著紅豆泥，再撒滿香氣宜人的黃豆粉就可以大口享用囉！

材料（8份）

白玉粉 ………… 50g

砂糖 ………… 50g

水 ………… 90cc

紅豆泥 ………… 200g

水 ………… 約1大匙

青豆粉 ………… ½杯

青海苔 ………… 適量

（烹飪用具）茶篩網

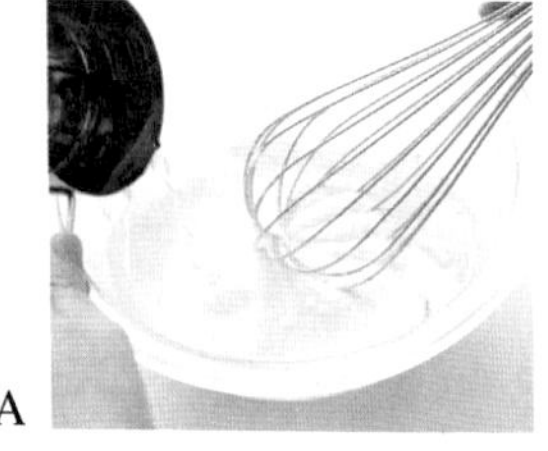

A

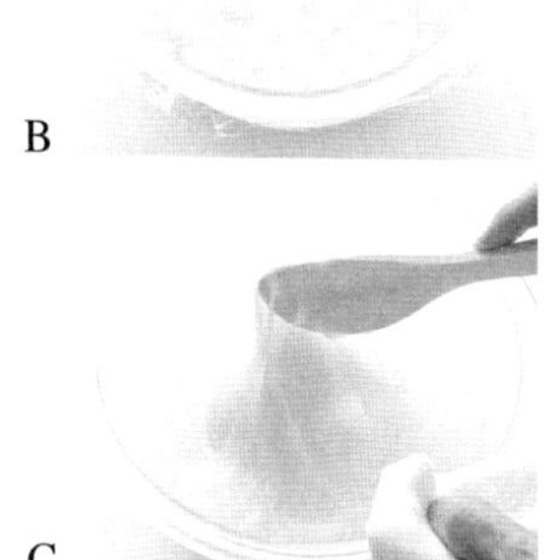

B

C

D

E

1 紅豆泥中加入約1大匙水，讓紅豆泥更為綿密柔軟，再分成8等分揉圓備用。

2 白玉粉倒入耐熱容器中，水分次一點一點地加入，攪拌至滑順（A），並加入砂糖攪拌。

＊白玉粉攪拌至糊狀。

3 保鮮膜覆於耐熱容器上（B），放入微波爐加熱3分鐘。

4 以木勺攪拌均勻後（C），取出放置於鋪有青豆粉的盤子上。

＊麵團要充分攪拌均勻。

5 青豆粉作為手粉，將白玉麵團分成8等分（D），包入1的紅豆泥（E），捏成鶯的造型。

＊最後將麵皮拉起捏緊，會使收口處黏起來。

6 將青豆粉以茶篩網過篩撒在外皮上，並擺上青海苔即完成。

梅枝餅

內餡包著滿滿顆粒紅豆餡的香烤麻糬，是太宰府天滿宮附近販售的名品。

材料（6份）

白玉粉 ………… 30g

上新粉 ………… 20g

砂糖 ………… 30g

水 ………… 90cc

顆粒紅豆餡 ………… 250g

太白粉（手粉）………… ½杯

沙拉油 ………… 少許

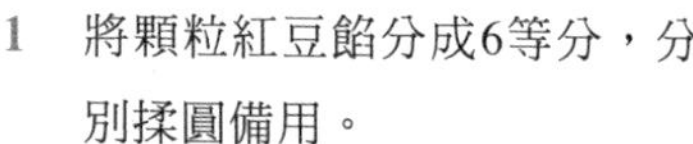

1 將顆粒紅豆餡分成6等分，分別揉圓備用。

2 白玉粉倒入耐熱容器中，將水分次一點一點地加入攪拌至滑順（A），再加入上新粉及砂糖，並以攪拌器拌勻。

＊白玉粉攪拌至糊狀。

3 保鮮膜覆於耐熱容器上，以微波爐加熱3分鐘。

4 以木勺攪拌均勻後（B），取出放置於鋪有太白粉的盤子上，再將外皮分成6等分，分別包入1的紅豆餡（C）。

＊麵團要充分攪拌均勻。

5 平底鍋燒熱，薄薄塗上一層沙拉油，將4的麻糬外皮煎至微焦即可。

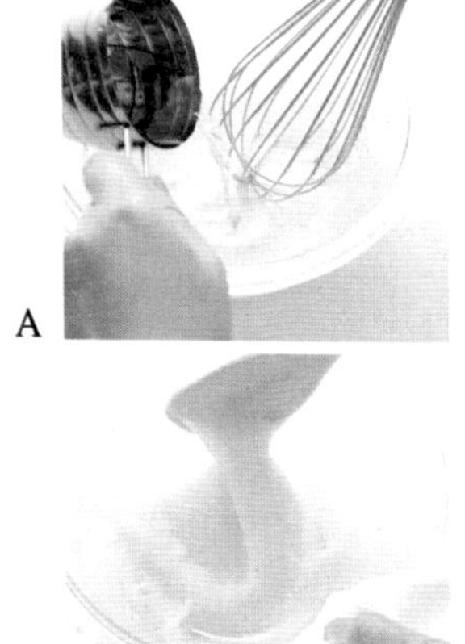

A

B

C

西王母

練切菓子

西王母是中國傳說中的長壽女神，此款和菓子為象徵吉祥的蟠桃練切菓子。

材料（10份）※蛋奶素

練切麵團 ………… 250g

白豆沙 ………… 120g

水煮蛋的蛋黃 ………… 2個

食用色素（粉紅或紅）

（烹飪用具）篩網

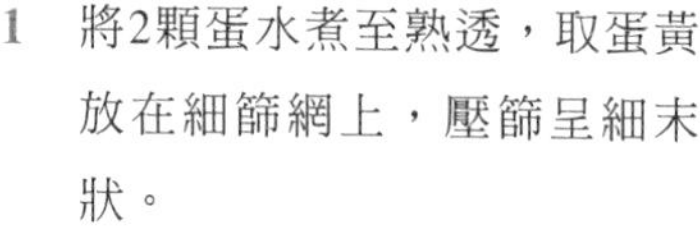

1 將2顆蛋水煮至熟透，取蛋黃放在細篩網上，壓篩呈細末狀。

2 將白豆沙與蛋黃攪拌均勻後，分成10等分，分別揉圓備用。

3 練切麵團以溶解後的食用色素染成淡粉紅色，並分成10等分。

4 擀成薄圓形，包入2的蛋黃餡，將外皮捏成桃子的形狀（A）。

5 以刀背畫線（B）。

＊畫線時，讓菜刀稍微向右傾斜，使造型變得更立體。

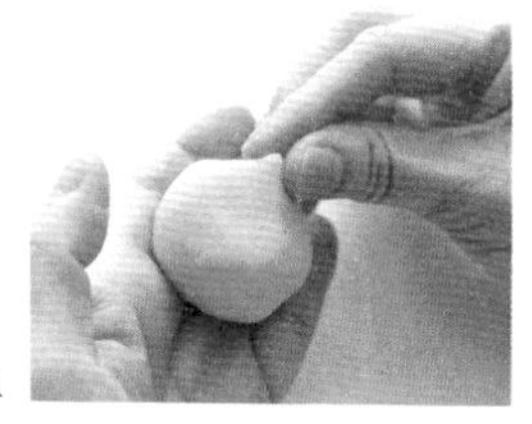

A

B

櫻餅

關東風的長命寺櫻餅外皮為煎烤而成，內餡包裹紅豆泥。據說最初使用的是隅田川河堤邊的櫻花呢！

材料（10份）

麵粉 ………… 50g
白玉粉 ………… 5g
砂糖 ………… 10g
水 ………… 100cc
食用色素（粉紅或紅）
紅豆泥 ………… 250g
鹽漬櫻葉 ………… 10片
（烹飪用具）8×15cm的
烘焙紙 ………… 10張

A

B

1 鹽漬櫻葉泡水至少15分鐘，去除鹽分。

2 紅豆泥分成10等分揉成圓柱形。

3 將水分次一點一點地加入白玉粉中，攪拌至滑順後，加入麵粉及砂糖攪拌，再以少量溶解後的食用色素染成粉紅色。

4 在微波爐的轉盤或平底耐熱盤鋪上2張烘焙紙，分別倒入1.5大匙的麵糊，並將麵糊延展成橢圓形的薄皮（A），放進微波爐加熱50秒，共反覆5次完成10張外皮。

＊微波爐若持續使用會使盤子溫度升高，記得中途放涼後再使用。

5 蓋上廚房布巾，待涼後撕下烘焙紙（B），以外皮捲起2的紅豆泥，再裹上一片拭乾的櫻葉即完成。

櫻大福

紅豆泥中拌入鹽漬櫻葉，最後再點綴上一朵粉嫩的櫻花，可愛的櫻大福就完成了！

材料（6份）

白玉粉 ………… 50g

砂糖 ………… 50g

水 ………… 90cc

紅豆泥 ………… 120g

鹽漬櫻葉 ………… 1片

鹽漬櫻花 ………… 6朵

食用色素（粉紅或紅）

太白粉（手粉）………… ½杯

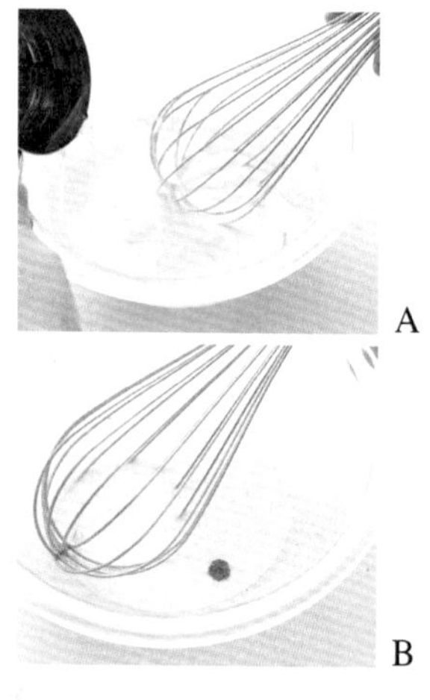

A

B

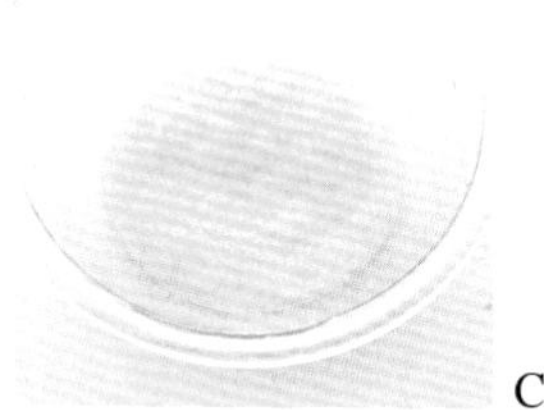

C

1 將鹽漬櫻葉與櫻花泡水至少15分鐘，去除鹽分。

2 鹽漬櫻葉切碎拌入紅豆泥中攪拌後，分成6等分揉圓備用。

3 白玉粉倒入耐熱容器中，將水分次一點一點地加入攪拌至滑順（A）後，加入砂糖拌勻，再以溶解後的食用色素染成粉紅色（B）。

＊白玉粉攪拌至糊狀。

4 保鮮膜覆於耐熱容器上，以微波爐加熱3分鐘（C）。

5 以木勺攪拌均勻後，取出放置於鋪有太白粉的盤子上。

＊麵團要充分攪拌均勻。

6 以太白粉作為手粉，將白玉麵團分成6等分，分別包入2的紅豆泥，最後擺上拭乾的鹽漬櫻花裝飾即完成。

櫻花羊羹

白豆沙中拌入美麗的鹽漬櫻花。櫻花綻放的季節裡，忍不住想與大家分享這道甜品。

材料（14×11×4cm的長方形模型一條）

白豆沙 ………… 350g

砂糖 ………… 120g

寒天粉 ………… 2g

水 ………… 150cc

鹽漬櫻花 ………… 30朵

（烹飪用具）14×11×4cm的模型

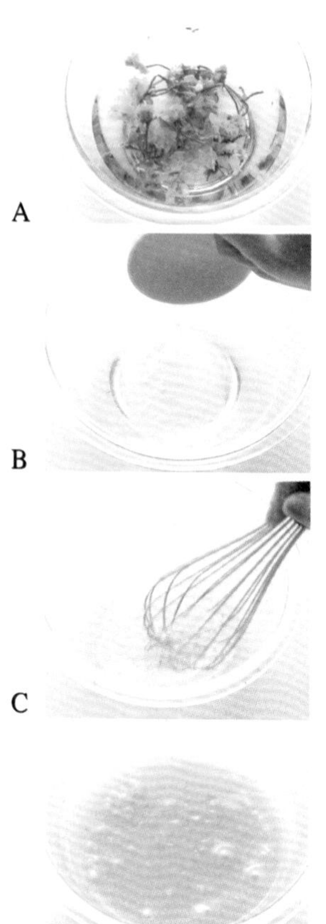
A
B
C
D

1 將鹽漬櫻花泡水至少15分鐘，去除鹽分（A）。

2 將水與寒天粉倒入大的耐熱容器中攪拌均勻（B）（C），以微波爐加熱3分鐘，再加入白豆沙與砂糖拌勻。

＊為了讓寒天溶解，一定要加熱沸騰。

3 再放進微波爐加熱8至10分鐘（D）。中途快要溢出時，從微波爐中取出，慢慢以攪拌器攪拌。

＊微波爐的加熱時間會影響羊羹的軟硬度，可依個人喜好調整加熱時間。

4 將1鹽漬櫻花的水分擠乾後，切成粗末拌入3中。

5 倒入模型中，待涼凝固後切塊。

蝴蝶

練切菓子

將染成黃色的外皮對摺兩次，宛如蝴蝶般優雅地翩翩飛舞。

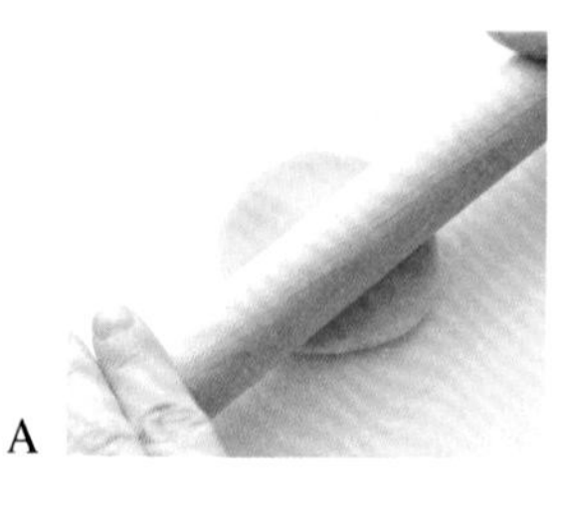

A

B

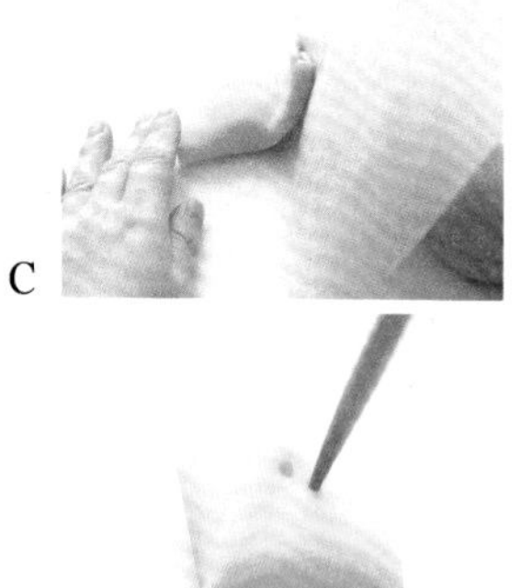

C

D

材料 （10份）

練切麵團 ·············· 280g

白豆沙 ·············· 100g

食用色素（黃）

肉桂粉 ·············· 少許

（烹飪用具）長筷子、烘焙紙、擀麵棍

1 白豆沙分成10等分，分別揉圓備用。

2 將練切麵團以溶解後的食用色素染成黃色，再分成10等分揉圓。

3 在桌上鋪上烘焙紙，將**2**以手壓扁後，再以擀麵棍擀成直徑9cm的圓皮（A）。

＊一邊轉烘焙紙一邊擀，將麵皮擀圓。

4 將**1**的白豆沙置於麵皮的左上方（B），為了不留下手痕，請連同烘焙紙往上對摺再對摺，讓兩個角稍微錯開，不要對齊（C）。以長筷子的前端沾少許肉桂粉，在外皮點上蝴蝶的斑紋（D）即完成。

艾草丸子

艾草香是美味的關鍵。在丸子表面抹上顆粒紅豆餡就可享用囉！

A

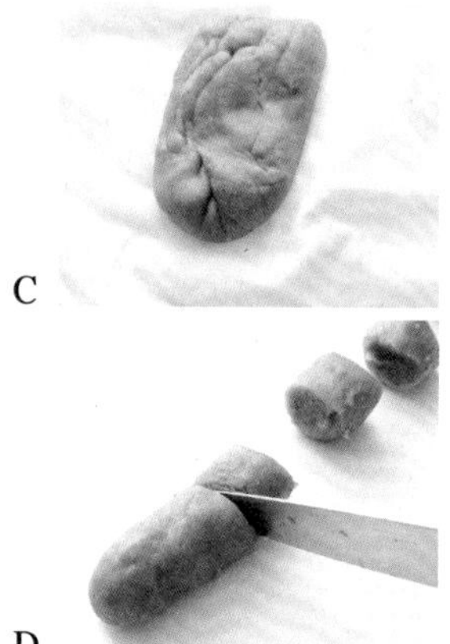

B

C

D

材料（8支）

上新粉 ………… 100g

艾草粉 ………… 5g

水 ………… 150cc

砂糖 ………… 20g

顆粒紅豆餡 ………… 100g

竹籤 ………… 8cm×8支

1 將艾草粉泡水後，瀝乾多餘的水分。

2 將上新粉、水、艾草粉及砂糖倒入耐熱容器中，以攪拌器攪拌均勻。

3 保鮮膜覆於耐熱容器上，放入微波爐加熱2分鐘，從微波爐取出後，以木勺攪拌均勻（A），再放進微波爐加熱2分鐘。

＊微波中途將未熟與熟透的部分拌勻。

4 將麵團放在濕布巾上摺疊，使口感更加均勻（B）（C）。將麵團切成一半，其中一半搓成棒狀，再切成8等分（D），剩下的一半也以相同方式切成8等分。

5 每支竹籤各串上2顆丸子，最後再抹上顆粒紅豆餡。

餡蕨餅

內餡包著綿密的紅豆泥，再撒上黃豆粉作點綴，這款口感Q彈的蕨餅就完成了。

材料（8份）

蕨粉 ………… 25g
黑糖 ………… 25g
砂糖 ………… 25g
水 ………… 125cc
紅豆泥（軟滑綿密）………… 200g
黃豆粉 ………… ½杯
（烹飪用具）茶篩網

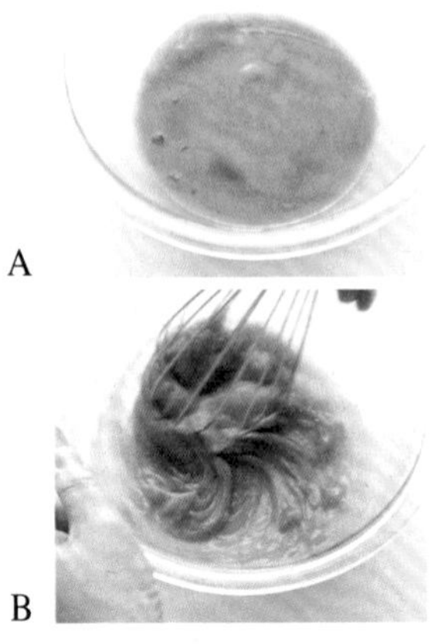

A

B

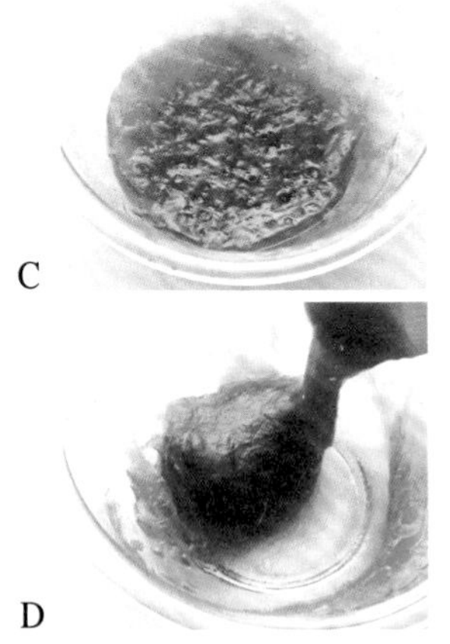

C

D

1 紅豆泥分成8等分，分別揉圓備用。

2 將蕨粉、黑糖、砂糖及水倒入調理盆中，以攪拌器攪拌均勻後，再以茶篩網過篩至耐熱容器中。

3 將**2**放入微波爐，設定3分鐘，每隔30秒取出以攪拌器攪拌（A）（B），共取出三次。剩餘的加熱時間請覆蓋保鮮膜微波（C）。
＊加熱中途取出攪拌，使麵團滑順不結塊（D）。

4 麵團取出後，置於鋪有黃豆粉的盤子上，以黃豆粉作為手粉，將麵團分成8等分，分別包裹**1**的紅豆泥球。最後將黃豆粉以茶篩網過篩，撒於表面即完成。

若葉

練切菓子

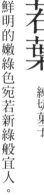

鮮明的嫩綠色宛若新綠般宜人。表面撒上糖粉稍作點綴，便能呈現初夏清新的氛圍。

材料（10份）

練切麵團 ………… 250g

紅豆泥 ………… 150g

食用色素（綠·黃）

細砂糖 ………… 適量

1. 紅豆泥分成10等分，分別揉圓備用。
2. 將練切麵團以溶解後的食用色素染成淺綠色，再加入黃色食用色素染成黃綠色後，分成10等分。
3. 練切麵團擀成薄圓形，再將1的紅豆泥球包入麵皮中（A）。
4. 捏成葉子的形狀（B），以刀背畫上葉脈（C），享用前撒上糖粉即完成。

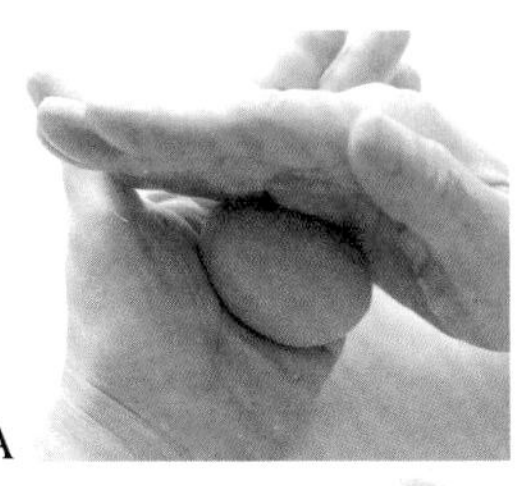
A

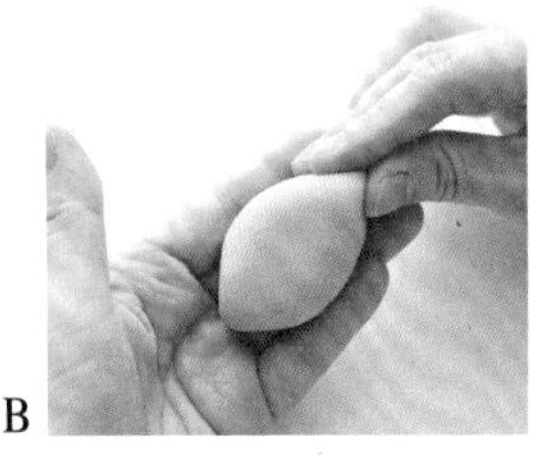
B

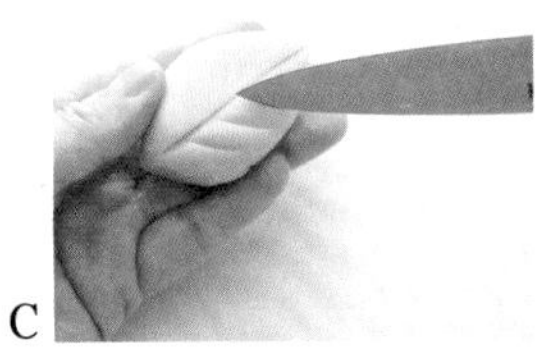
C

柏餅

槲樹在冒出新芽前，老葉不會掉落，因此柏餅有象徵子孫滿堂之意。

※日文的「柏」指的是「槲樹」。

材料（8份）

上新粉 ………… 200g

水………… 280cc

紅豆泥 ………… 100g

白豆沙 ………… 100g

白味噌 ………… 1大匙

槲葉 ………… 8片

A

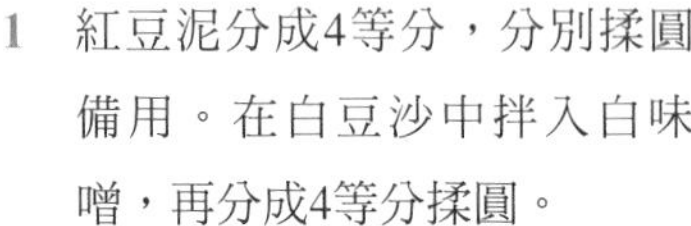

1 紅豆泥分成4等分，分別揉圓備用。在白豆沙中拌入白味噌，再分成4等分揉圓。

2 將上新粉與水倒入耐熱容器中，攪拌均勻。

3 保鮮膜覆於耐熱容器上，以微波爐加熱4分鐘，取出後以木勺攪拌均勻（A），再放進微波爐加熱3分鐘。

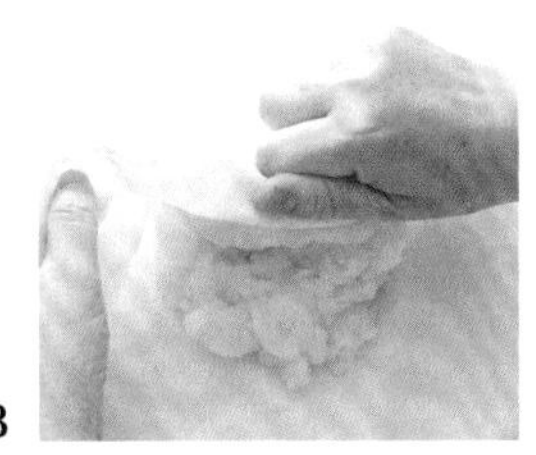

B

4 將麵團取出放置於濕布巾上，隔著濕布巾將麵團搓揉至表面光滑（B）。

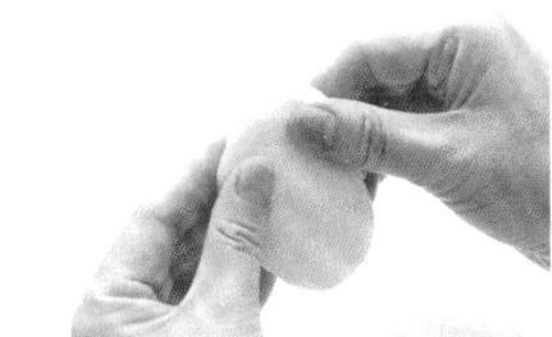

C

5 手沾濕將麵團分成8等分，並捏成橢圓形，夾入1的紅豆泥（C）後對摺（D）。

D

6 放待涼後，再各包上一片槲葉。以葉子的正反面來區分不同的口味，葉子的反面朝外表示包有紅豆泥；葉子的正面朝外表示包有味噌餡。

鳶尾花

紫色外皮乍看下彷彿美麗的鳶尾花。花瓣薄如翼，散發出優雅氛圍。

材料（8份）

白玉粉 30g
上新粉 70g
砂糖 120g
水 160g
白豆沙 120g
槲葉 8片
食用色素（紫或粉紅·藍）
太白粉（手粉）............ ½杯
（烹飪用具）擀麵棍·刷子

1 將白豆沙分成8等分，分別揉圓備用。

2 白玉粉倒入耐熱容器中，將水分次一點點地加入攪拌至滑順，再加入上新粉及砂糖攪拌均勻。

3 保鮮膜覆於耐熱容器上，以微波爐加熱3分鐘，取出後以木勺攪拌均勻，再放進微波爐加熱3分鐘。

4 將3的白玉麵團分⅓取出放置於調理盆中，以溶解後的食用色素染成紫色。

＊若手邊沒有紫色食用色素，可先染成粉紅色，再分次一點點加入藍色攪拌，混合成紫色。

5 將白色與紫色白玉麵團先各分一半，再各分成4個小麵團，同樣的步驟分兩次完成。

6 手沾濕將紫色麵團搓成棒狀，白色麵團分成一半也同樣搓成棒狀，將紫色擺中間，白色擺兩邊，使3條麵團對齊（A）。

7 太白粉作為手粉，先以擀麵棍將6的麵團擀成16×16cm的薄皮後，再切成4片四方形（B），剩餘的麵團也以相同的步驟切片，再以刷子刷掉太白粉。

8 在麵皮上擺上1的白豆沙，對摺成三角形（C），再將左右兩邊往內摺，使外型宛如一朵鳶尾花（D）。

以刀背在花萼處輕輕壓出紋路。

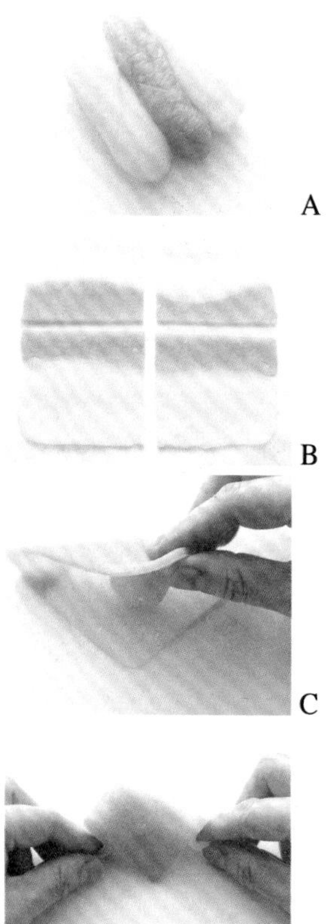

A

B

C

D

康乃馨

紅豆球包裹著糖漬櫻桃，表面撒上金箔作裝飾，就以華麗的金團，慶祝溫馨的母親節吧！

材料（8個）

白豆沙 ………… 240g

紅豆泥 ………… 150g

糖漬櫻桃（罐頭）………… 8顆

橙皮酒 ………… 1大匙

食用色素（紅·粉紅·紫）

金箔 ………… 適量

（烹飪用具）篩網·竹籤

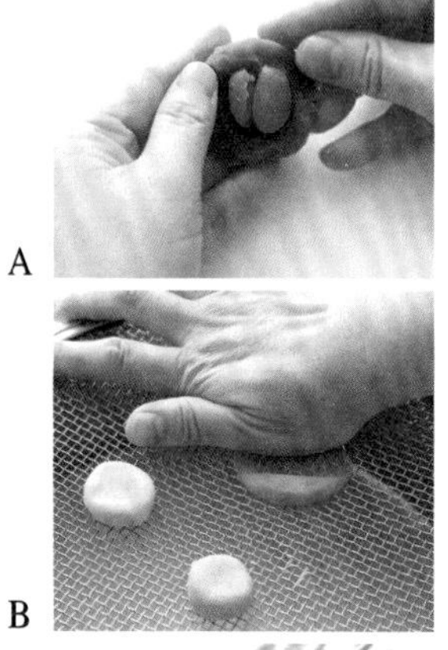

A

B

C

D

1 櫻桃切成一半取出子後，淋上橙皮酒。

2 ½的白豆沙以溶解後的食用色素染成紅色，¼染成淺粉紅色，剩下的¼染成淡紫色。

＊若手邊沒有紫色食用色素，可改染成深粉紅色。

3 紅豆泥分成8等分，並瀝乾1的櫻桃，每個紅豆泥中分別包入1顆櫻桃，揉圓備用（A）。

4 將2的染色白豆沙分別分成8等分，三種顏色分別放在粗篩網上，壓篩成顆粒狀（B）。

5 在3的紅豆球表面以竹籤裝飾上4壓出的顆粒（C）。

＊以竹籤將表面刮成圓球形（D）。

6 裝飾上金粉即完成。

水無月

象徵冰塊的三角形凝結了具有避邪作用的紅豆。每年的6月30日，京都會舉行「夏越祓」消災解厄祈福儀式，並享用此款沁涼的「水無月」菓子。

材料（8份）

寒天粉 ……………… 2g
水 ……………… 400cc
葛粉 ……………… 30g
水 ……………… 30cc
砂糖 ……………… 130g
蜜納豆或甘納豆 ……………… 70g
（烹飪用具）13×15cm的模型

1 在模型內鋪上蜜納豆。
＊若使用甘納豆，先以水沖掉表面的砂糖，再以廚房紙巾拭乾水分。

2 將400cc的水與寒天粉倒入耐熱容器中攪拌均勻，放入微波爐加熱6分鐘。
＊為了讓寒天完全溶解，一定要加熱至沸騰。

3 砂糖加入2中，待砂糖溶解後，將約80cc的寒天液倒入1的模型中，位置約甘納豆高度的一半（A）。

4 將30cc的水加入葛粉攪拌，再倒入3剩餘的寒天液中，放入微波爐加熱2分鐘。

5 自微波爐取出後，攪拌均勻（B），分次一點點地倒入模型中（C），冷藏凝固後沿著對角線切成4等分即完成。

A

B

C

青梅大福

將梅酒的梅子切碎拌入白豆沙中，再搭配求肥外皮，作成清爽的梅子風味大福！

材料（8份）

白玉粉 ………… 50g
砂糖 ………… 50g
水 ………… 90cc
白豆沙 ………… 150g
梅酒的梅子 ………… 約30g
太白粉（手粉）………… ½杯
裝飾用梅子 ………… 適量

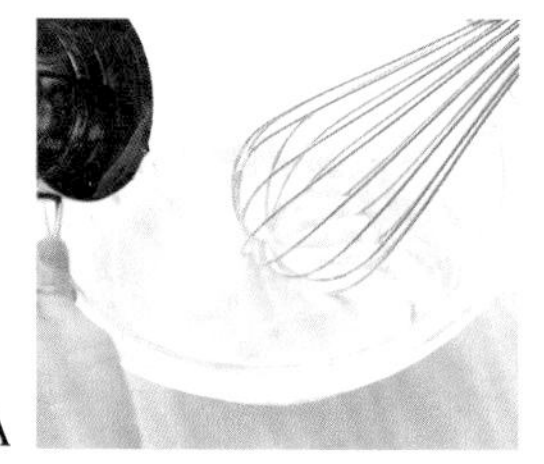

A

B

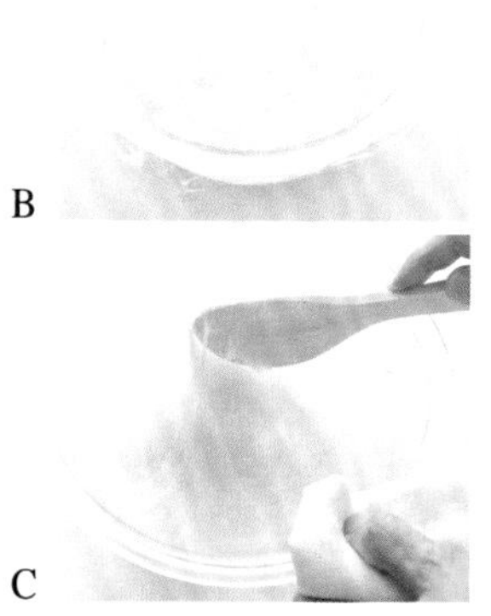

C

1 將梅酒的梅子切成粗末，拌入白豆沙中，再分成8等分揉圓備用。

2 白玉粉倒入耐熱容器中，將水分次一點一點地加入攪拌至滑順（A），再加入砂糖。

＊白玉粉攪拌至糊狀。

3 保鮮膜覆於耐熱容器上（B），以微波爐加熱3分鐘。

4 以木勺攪拌均勻後（C），取出放置於鋪有太白粉的盤子上。

5 以太白粉作為手粉，將白玉麵團分成8等分，分別包入1的白豆沙中。

6 表面擺上切成細絲的梅子作裝飾即完成。

繡球花金團

葫蘆

繡球花金團

練切菓子

將淡紫、粉紅及淺綠三種的色彩，優美地融合在一起，是一款令人流連不忍移開目光的粉嫩菓子。

材料（10份）

練切麵團 250g

顆粒紅豆餡 150g

食用色素（粉紅・藍・紫）

（烹飪用具）篩網・竹籤

1 將顆粒紅豆餡分成10等分，分別揉圓備用。

2 秤出2個80g的練切麵團，以溶解後的粉紅與藍色食用色素將練切麵團分別染成淡粉紅及淺綠色。剩下的麵團則染成紫色。

＊若手邊沒有紫色食用色素，可先染成粉紅色，再分次一點一點地加入藍色攪拌，混合成紫色。

3 將粉紅色、淺綠色及紫色練切麵團分成10等分。

4 將三種顏色的練切麵團稍微壓扁，放在粗篩網上，壓篩成顆粒狀（A）。在**1**的粒狀紅豆球表面，以竹籤裝飾上彩色顆粒（B），使金團表面混著三種不同的色彩。

＊最後以竹籤將表面刮成圓球形（C）。

A

B

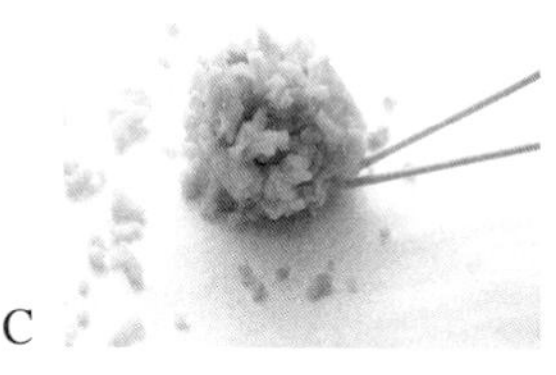
C

葫蘆

可愛的葫蘆造型。加入蛋白，使麵團變得柔軟，與口感綿密的白豆沙十分契合。

材料（6份）※蛋素
白玉粉 ………… 30g
砂糖 ………… 30g
水 ………… 50cc
白豆沙 ………… 150g
水 ………… 1小匙
蛋白 ………… 10g
太白粉（手粉）………… ½杯
食用色素（綠）
（烹飪用具）細鐵棒

A

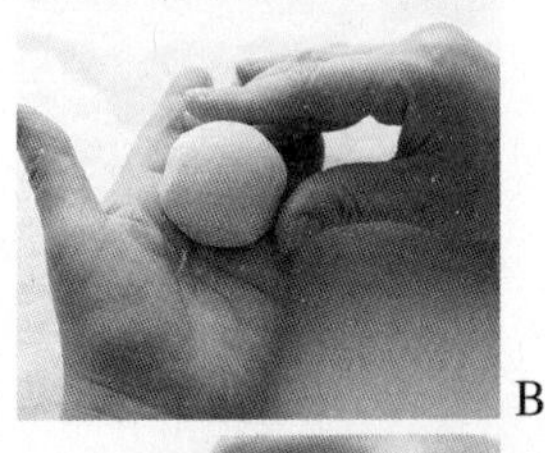
B

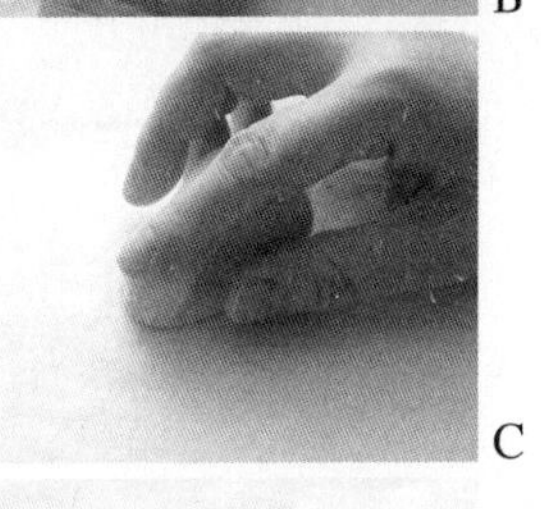
C

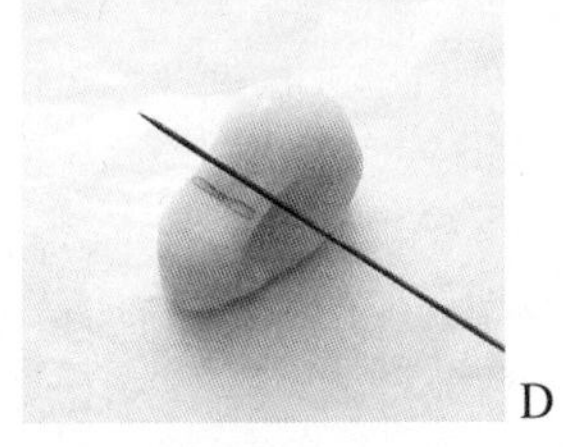
D

1 在白豆沙中加入1大匙的水，攪拌至軟滑綿密，再分成6等分揉圓備用。

2 白玉粉倒入耐熱容器中，水分次一點一點地加入攪拌至滑順，再加入砂糖。
並以少量溶解後的食用色素染成淡綠色。

3 保鮮膜覆於耐熱容器上，放入微波爐加熱2分鐘。

4 以攪拌器將蛋白打至發泡呈濃稠狀（A），加入**3**中，再以木勺攪拌。

5 將白玉麵團取出放置於鋪有太白粉的盤子上，以太白粉作為手粉，將白玉麵團分成6等分，再分別包入**1**的白豆沙。
以手捏成葫蘆形（B）（C）。
＊葫蘆形的捏法是，先將麵團揉圓，左右兩側微微地捏凹，最後將前端捏尖。

6 將細鐵棒燒熱，在外皮上印出紋路（D）即完成。

朝顔

水羊羹

朝顏

練切菓子

粉色麵團稍稍壓扁後，以保鮮膜包緊扭一扭，朝顏的花瓣就栩栩如生了呢！

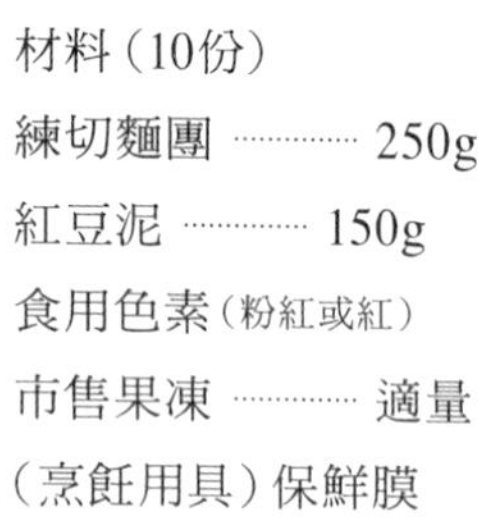
材料（10份）

練切麵團 ………… 250g

紅豆泥 ………… 150g

食用色素（粉紅或紅）

市售果凍 ………… 適量

（烹飪用具）保鮮膜

A

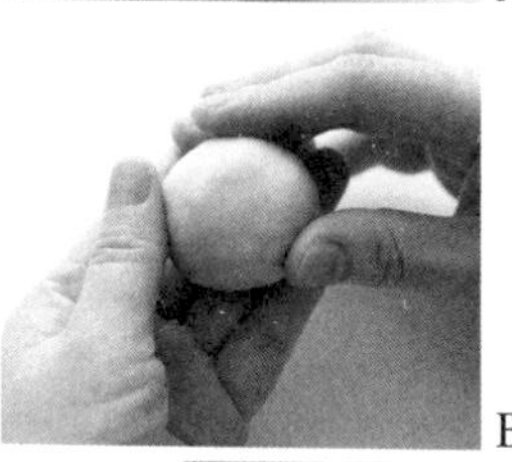
B

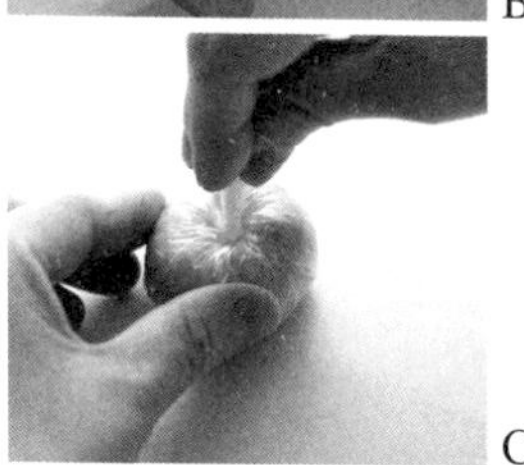
C

D

1 紅豆泥分成10等分，分別揉圓備用。

2 將200g的練切麵團以溶解後的食用色素染成粉紅色，再分成10等分；剩下的50g麵團分成10等分揉圓。

3 將粉紅色麵團擀成薄圓形後，在中間擺上白色麵團，以手按壓，使其融入粉紅色麵皮中（A），再包入**1**的紅豆餡（B），使粉紅色外皮依稀可透出白色。

4 以保鮮膜包覆後扭緊，並在中間壓出一個凹槽（C）（D）。

5 將市售果凍切碎裝飾在凹槽處。

水羊羹

以寒天粉製作的水羊羹，只要紅豆泥、砂糖及水即可完成。製程簡單，是一款適合初學者製作的和菓子。

材料（5×37cm的半月形模型1個）

寒天粉 ………… 2g

水 ………… 250cc

砂糖 ………… 50g

紅豆泥 ………… 300g

（烹飪用具）5×37cm的半月形模型

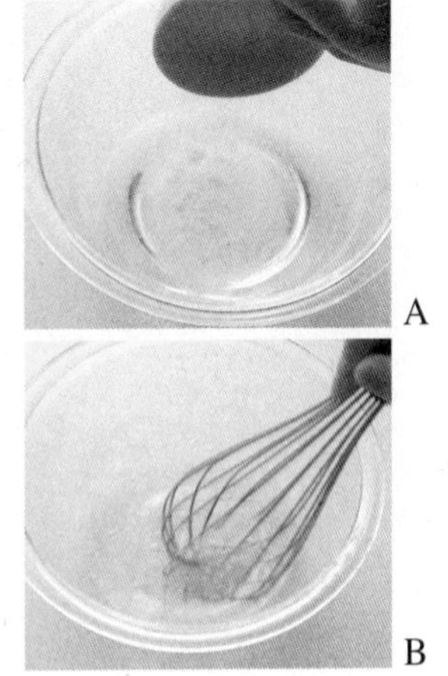

A

B

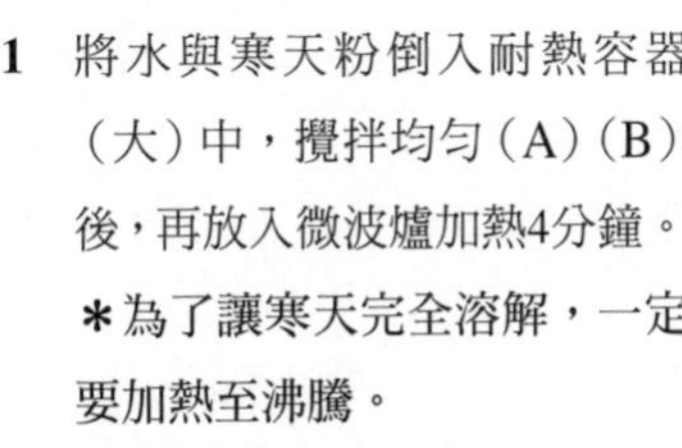

1 將水與寒天粉倒入耐熱容器（大）中，攪拌均勻（A）（B）後，再放入微波爐加熱4分鐘。

＊為了讓寒天完全溶解，一定要加熱至沸騰。

2 加入砂糖與紅豆泥攪拌均勻，放涼後倒入模型中。

3 待水羊羹凝固後，從模型中取出，切成12等分。

葛饅頭

笹饅頭

葛饅頭

滑嫩柔軟的葛饅頭帶來沁涼消暑的口感。內包綿密的紅豆泥，在舌尖融化開來……

A

B

C

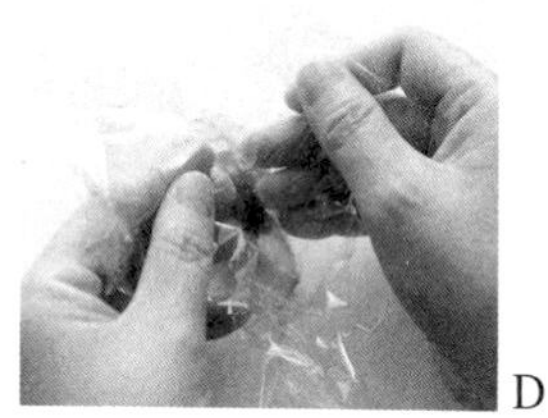

D

E

材料（8份）

葛粉 ·············· 30g

砂糖 ·············· 50g

水 ·············· 200cc

紅豆泥 ·············· 160g

（烹飪用具）保鮮膜·橡皮筋

1 將紅豆泥分成8等分，分別揉圓備用。

2 將保鮮膜裁成8張邊長20cm左右的正方形。

3 將葛粉、砂糖及水倒入耐熱容器中以攪拌器攪拌均勻，放入微波爐設定為4分鐘，每隔30秒取出，以攪拌器攪拌，共取出三次（A）。剩餘的加熱時間輕覆蓋保鮮膜，繼續微波。

4 將**3**攪拌均勻，在8張保鮮膜上，各舀上1大匙（B）。

5 在凝固的外皮上擺上**1**的紅豆球（C），連同保鮮膜將整個紅豆球包起扭緊（D），再以橡皮筋綁住（E）。

＊保鮮膜包裹時，請勿讓內餡露出來。

笹饅頭

是一款屬於夏天的和菓子，清爽的竹葉中包著道明寺糯米糰拌紅豆泥，盛在放有冰塊的器皿中，更顯清涼。

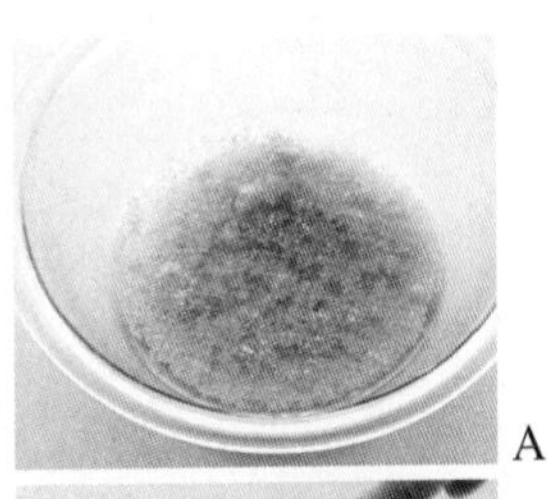
A

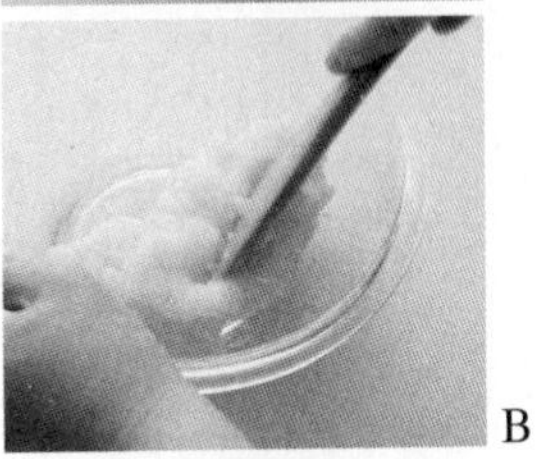
B

C

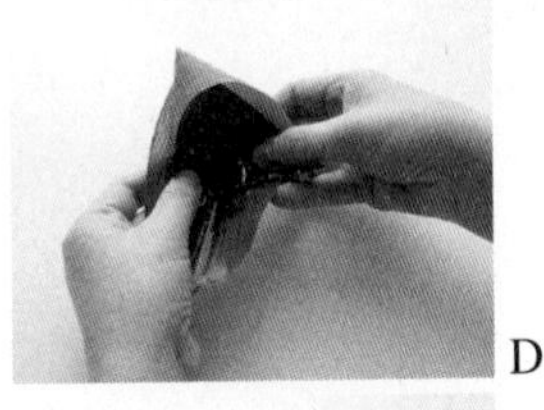
D

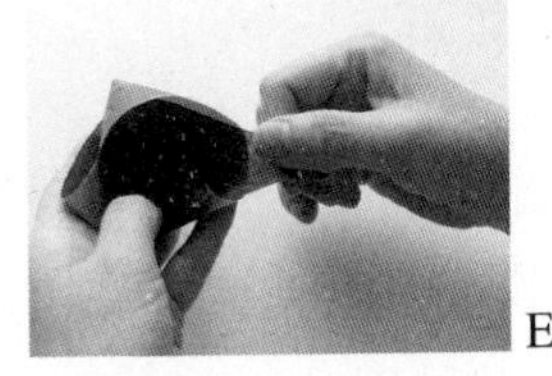
E

材料（8份）

道明寺粉 ………… 100g
砂糖 ………… 1大匙
熱水 ………… 150cc
紅豆泥 ………… 160g
竹葉 ………… 8片

1 紅豆泥分成8等分，分別揉圓備用。

2 將道明寺粉與砂糖倒入耐熱容器中，加入熱水攪拌，覆蓋保鮮膜靜置10分鐘，讓麵團吸收水分（A）。

＊一定要加熱水。

3 保鮮膜覆於耐熱容器上，放入微波爐加熱2分鐘後，利用餘熱燜15分鐘。

4 以木勺攪拌均勻，讓麵團產生黏性（B），雙手沾濕，將麵團分成8等分，分別包入**1**的紅豆球。

5 將竹葉摺成杯狀後，包入**4**的糯米糰（C）（D）（E）。

觀世水

岩清水

觀世水

練切菓子

觀世水為水的漩渦。品嚐淡藍與純白相間的練切菓子，讓盛夏時節分外清爽。

材料（6份）

練切麵團 ………… 260g

食用色素（藍）

（烹飪用具）烘焙紙・擀麵棍

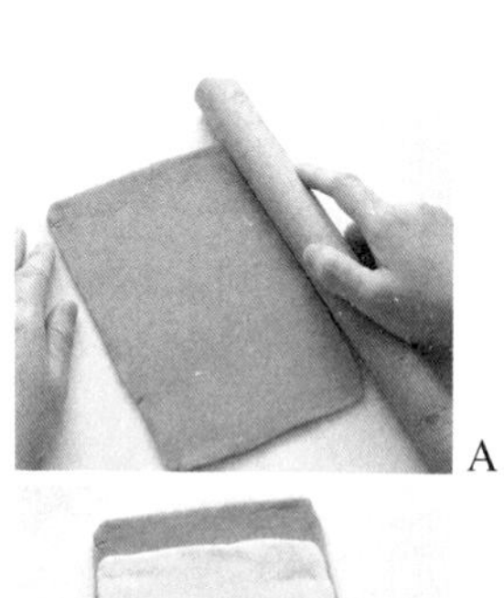

A

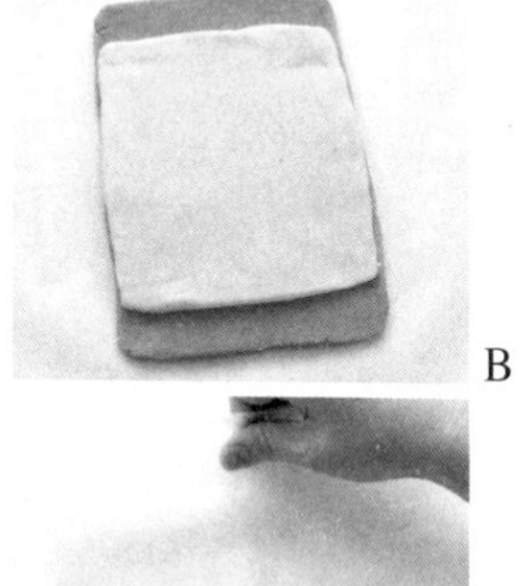

B

C

D

1 將160g的練切麵團以溶解後的食用色素染成淡藍色。

2 在桌面鋪上烘焙紙，以擀麵棍將淡藍色麵團擀成12×18cm的薄皮。

剩餘白色麵團擀成12×14cm的薄皮。

＊每一邊以擀麵棍推壓成四角形（A）。

3 在淡藍色麵皮上擺上白色麵皮（B）。

4 連同烘焙紙將麵皮捲起（C），尾端收口處朝下（D），再切成6等分即完成。

岩清水

道明寺粉沉在底部，形成兩層濃淡分明、晶瑩剔透的寒天和菓子。

材料（5×37cm的半月形模型1個）

寒天粉 ………… 4g

水 ………… 400cc

砂糖 ………… 150g

道明寺粉 ………… 20g

熱水 ………… 30cc

食用色素（藍）

甘納豆 ………… 約12顆

（烹飪用具）5×37cm的半月形模型

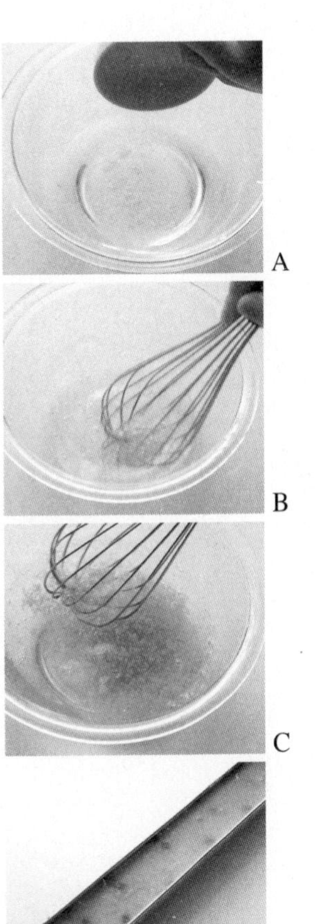
A
B
C
D

1 將熱水倒入小的容器中，以溶解後的食用色素染成淡藍色。加入道明寺粉後，覆蓋保鮮膜。

2 將水與寒天粉倒入大的耐熱容器中攪拌均勻（A）（B），以微波爐加熱7分鐘。

＊為了讓寒天完全溶解，一定要加熱至沸騰。

3 從微波爐取出後，加入砂糖攪拌。待涼後再加入吸飽水分的道明寺粉，並以攪拌器攪開（C）。

4 倒入模型中，撒上甘納豆（D）。經冷藏後，切成12等分即完成。

抹茶寒天

梅酒錦玉

抹茶寒天

一品濃郁茶香的抹茶寒天，淋上糖漿後享用，甜而不膩，冰涼口感沁入心脾。

材料（13×15cm的模型1個）

寒天粉 ………… 2g

水 ………… 400cc

砂糖 ………… 20g

抹茶 ………… 5g

糖漿

- 砂糖 ………… 70g
- 水飴 ………… 30g
- 水 ………… 50cc

（烹飪用具）13×15cm的模型

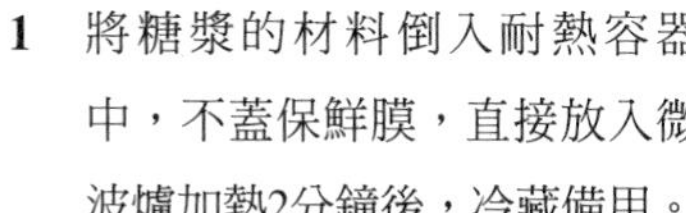

1 將糖漿的材料倒入耐熱容器中，不蓋保鮮膜，直接放入微波爐加熱2分鐘後，冷藏備用。

2 將水與寒天粉倒入大的耐熱容器中，攪拌均勻（A）（B），再以微波爐加熱7分鐘。

＊為了讓寒天完全溶解，一定要加熱至沸騰。

3 將砂糖與抹茶攪拌均勻後，加入放涼的寒天液繼續攪拌，再倒入模型中放置冷卻凝固。

4 凝固後切成邊長1.5cm的正立方體，享用前淋上糖漿即完成。

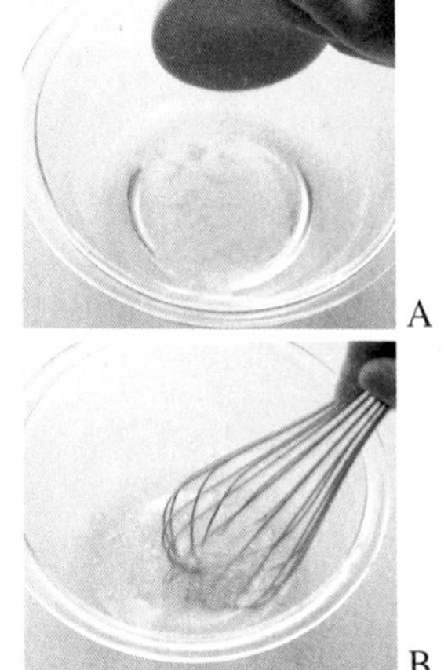

A

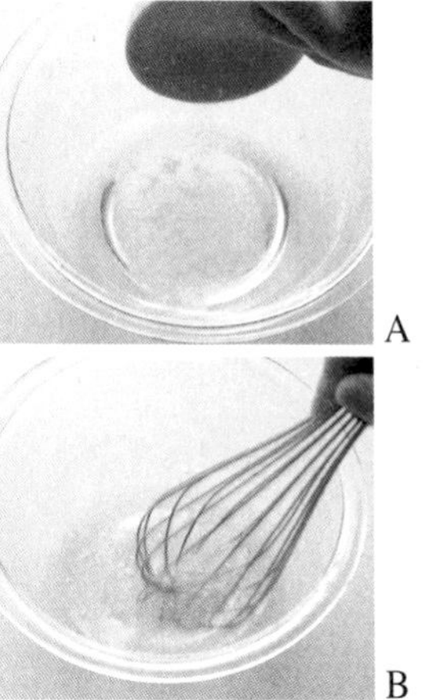

B

梅酒錦玉

中間一顆好似梅子的白豆沙，十分玲瓏可愛。有著梅酒香的錦玉，冰涼口感中帶點屬於大人的成熟韻味。

材料（12份）
寒天粉 ………… 4g
水 ………… 300cc
細砂糖 ………… 250g
梅酒 ………… 80cc
白豆沙 ………… 120g
食用色素（綠）
（烹飪用具）15×11cm的模型

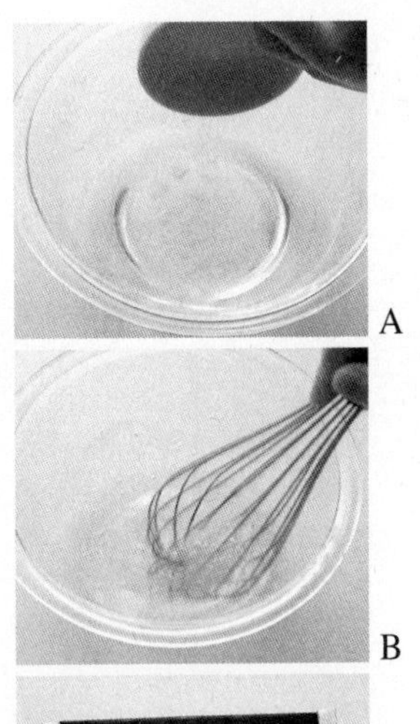

1 將白豆沙以少量溶解後的食用色素染成綠色，分成12等分揉圓。

2 將水與寒天粉倒入大的耐熱容器中攪拌均勻（A）（B），放入微波爐加熱6分鐘。

＊為了讓寒天完全溶解，一定要加熱至沸騰。

3 加入細砂糖以攪拌器攪拌均勻，再加入梅酒放置待涼。

4 將1的白豆沙底部沾上寒天液，在模型中每4個排成一列，共排成三列（C）。

5 待寒天液稍涼後，慢慢地倒入模型中。待冷卻後切成小塊即完成。

山苞

栗金團

山苞

練切菓子

來自山的賀禮，因此有山之味（山苞）之稱。咬一口內包整顆栗子的山苞，真是一款令人雀躍不已的入秋美味呢！

材料（10份）※蛋素

紅豆泥練切
（將P.106中的白豆沙換成紅豆泥製作即可）
…………… 250g

蜜栗子 …………… 10顆

罌粟籽 …………… 適量

蛋白 …………… 1個

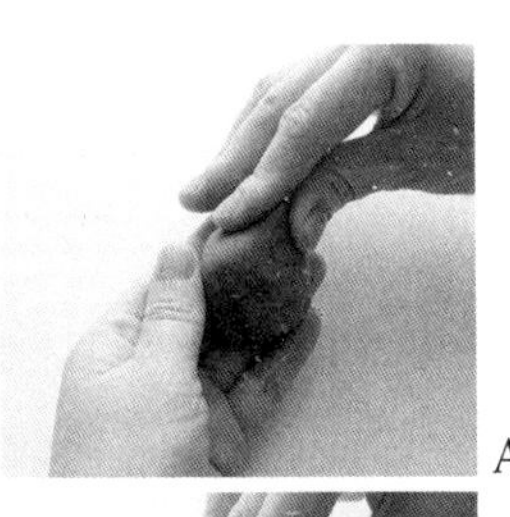

A

B

1 將紅豆泥練切分成10等分，分別揉圓備用。

2 蜜栗子的水分拭乾，以練切外皮將一顆顆的栗子分別包裹，再將外皮捏成栗子的形狀（A）。
＊將前端捏尖。

3 栗子的底部沾上蛋白，再沾上罌粟籽（B）。

栗金團

栗子泥過篩後，以保鮮膜包起扭緊。為了保留栗子的風味，可減少砂糖用量。

材料（15份）
生栗子 ………… 300g（約15顆）
細砂糖 ………… 40g
水 ………… 2大匙
（烹飪用具）篩網・保鮮膜

A

B

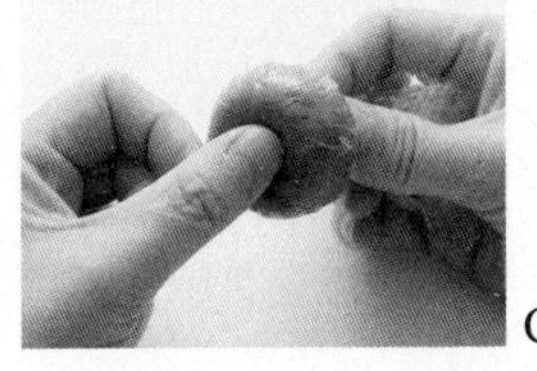
C

1 生栗子洗淨後，煮約30分鐘。
2 將煮熟的栗子切一半，以湯匙挖出栗子果肉。
3 將栗子果肉壓篩成泥狀。
4 細砂糖與水倒入耐熱容器中，以微波爐加熱1分鐘使細砂糖溶解，再加入過篩的栗子泥（A）攪拌均勻後，放入微波爐加熱30秒，完成後取出放涼備用（B）。
5 將一份25g的**4**揉圓後，以保鮮膜包起扭緊（C），稍壓呈扁圓餅狀。
*保鮮膜底部壓平。

萩餅

栗蒸羊羹

荻餅

一個外皮拌有紅豆泥，另一個包有紅豆餡。以道明寺粉揉成的Q彈麵團製作而成。

材料（紅豆口味5個
白芝麻口味5個）

道明寺粉 ………… 100g
熱水 ………… 150cc
砂糖 ………… 1大匙
鹽 ………… 少許
紅豆泥 ………… 275g
芝麻粉（白色） ………… 20至30g
（烹飪用具）保鮮膜

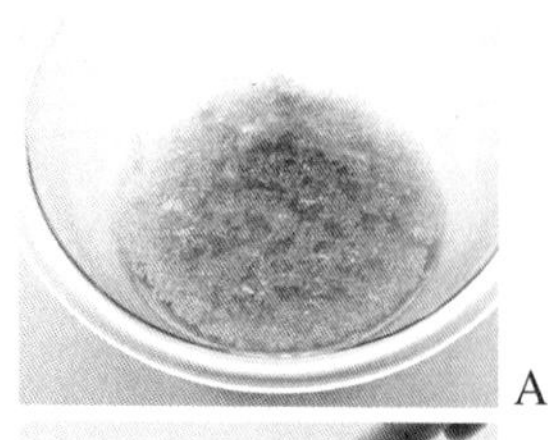
A

B

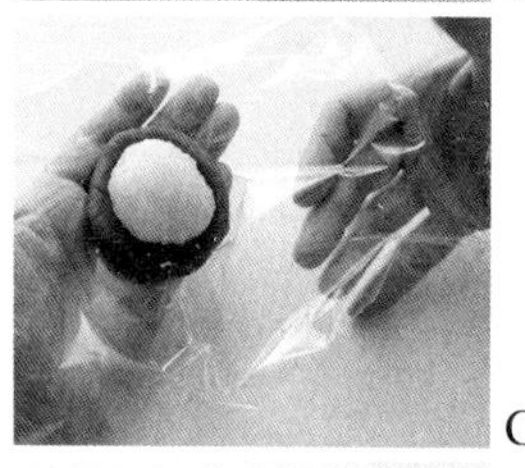
C

D

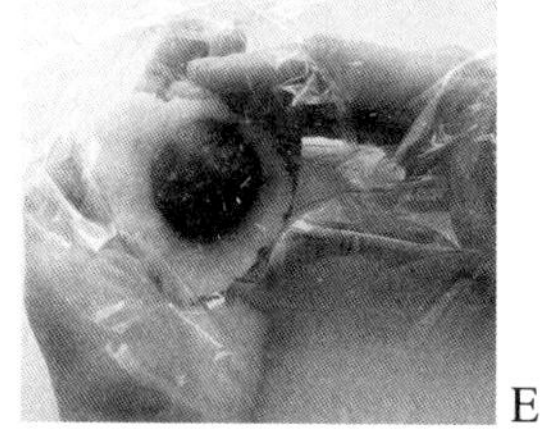
E

1 製作30g與25g兩種不同重量的紅豆球，各作5顆揉圓。
將道明寺粉、砂糖及鹽倒入耐熱容器中，再加入熱水攪拌，覆蓋保鮮膜靜置10分鐘，讓水分吸收（A）。
＊一定要加熱水。

2 保鮮膜覆於耐熱容器上，以微波爐加熱2分鐘後，利用餘熱燜15分鐘。

3 以木勺攪拌均勻，讓麵團產生黏性（B），手沾濕將麵團分成10等分揉圓。

4 將30g的紅豆球放在保鮮膜上，壓成圓皮（C），包入**3**的道明寺糯米糰（D）。

5 將**3**的道明寺糯米糰放在保鮮膜上，壓成大圓皮，包入25g的紅豆球（E），沾滿白芝麻粉即完成。

栗蒸羊羹

滿滿的栗子嵌在羊羹裡，可說是栗子迷的最愛。自己動手作，造型樣式隨心所欲！

材料（1條·10個）
紅豆泥 ………… 200g
麵粉 ………… 20g
太白粉 ………… 10g
砂糖 ………… 40g
水 ………… 80cc
甘露煮栗子 ………… 150g
（烹飪用具）烘焙紙 ………… 1張

A

B

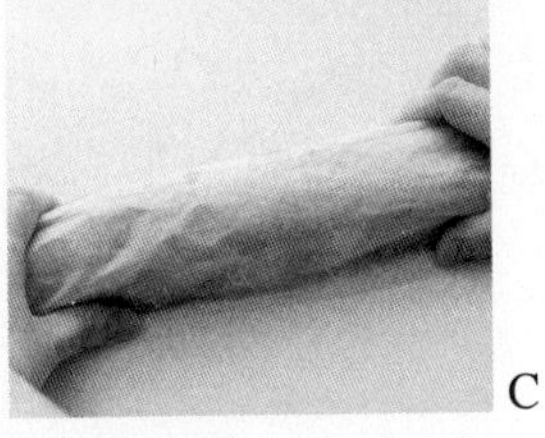
C

1 將紅豆泥、麵粉、太白粉及砂糖倒入耐熱容器中，以木勺攪拌均勻。
2 加入水後，以攪拌器攪拌至紅豆泥化開呈光滑狀（A）。
3 拭乾栗子的水分後，切成2至3等分加到**2**中，覆蓋保鮮膜，放入微波爐加熱6分鐘。
4 攪拌均勻後（B），將麵團取出放置於烘焙紙上，連同烘焙紙一起用力捲起定型（C）。

紅豆麻糬

柿子

紅豆麻糬

柔軟的紅豆外皮包裹著求肥麵團，製成這一款樸實口感的和菓子，搭配濃郁的日本茶，正好味。

材料（10份）
白玉粉 ………… 50g
砂糖 ………… 50g
水………… 90cc
紅豆泥 ………… 250g
太白粉（手粉）………… ½杯
（烹飪用具）保鮮膜

A

B

C

1 紅豆泥分成10等分，分別揉圓備用。
2 白玉粉倒入耐熱容器中，水分次一點一點地加入攪拌至滑順（A），再加入砂糖攪拌均勻。
＊白玉粉攪拌至糊狀。
3 保鮮膜覆於耐熱容器上（B），放入微波爐加熱3分鐘。
4 以木勺攪拌均勻後（C），取出放置於鋪有太白粉的盤子上，分成10等分揉圓。
5 將紅豆泥放在保鮮膜上擀平後，包入**4**的麻糬，放在保鮮膜上將整顆紅豆麻糬翻過來，並以手指壓出紋路。

柿子

練切菓子

此款外型可愛的菓子，是在白豆沙中拌入切碎的柿餅製作而成。

材料（10份）
練切麵團 ············ 250g
白豆沙 ············ 100g
柿餅 ············ 50g
市售羊羹 ············ 適量
太白粉 ············ 少許
食用色素（黃·紅）
（烹飪用具）茶篩網

A

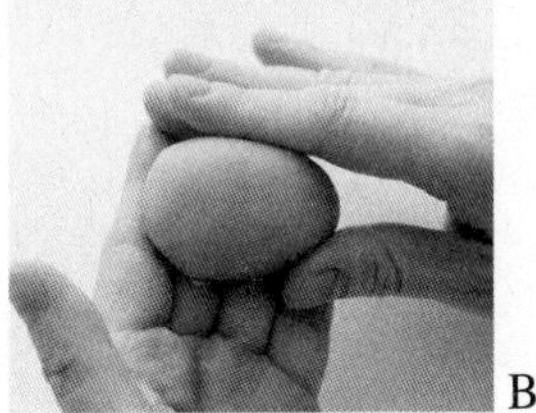
B

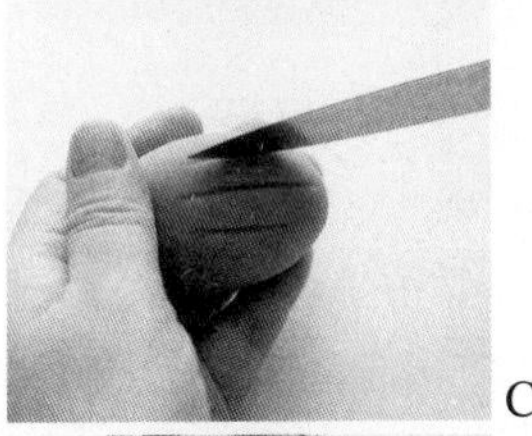
C

D

E

1 將練切麵團以溶解後的黃色與紅色食用色素染成柿子色，分成10等分揉圓備用。

2 將柿餅切成粗末後，拌入白豆沙中攪拌（A），分成10等分揉圓。

3 在練切麵團中包入**2**的柿子白豆沙球後，將外皮捏成柿子的形狀（B），以刀背在表面畫三條線（C）。

＊先將麵團捏成蛋形，較容易捏出柿子的形狀。

4 將少許的太白粉以茶篩網過篩，撒於表面（D）。

5 將市售羊羹切成薄片，以菜刀作出果蒂的造型（E），點綴於**4**的表面。

＊將羊羹切成邊長2cm的正方形，每一邊的中間部位各切下一小塊三角形。

抹茶卷

是一款以抹茶海綿蛋糕製作的和風瑞士卷。以白豆沙為內餡，外型比一般瑞士卷嬌小。

材料（1條）※蛋奶素

蛋 ………… 1個（小於60g）

在來米粉 ………… 15g

砂糖 ………… 20g

抹茶 ………… 1小匙

白豆沙 ………… 200g

發泡鮮奶油 ………… 少許

熱水 ………… 少許

（烹飪用具）

烘焙紙 ………… 2張

廚房紙巾 ………… 2張

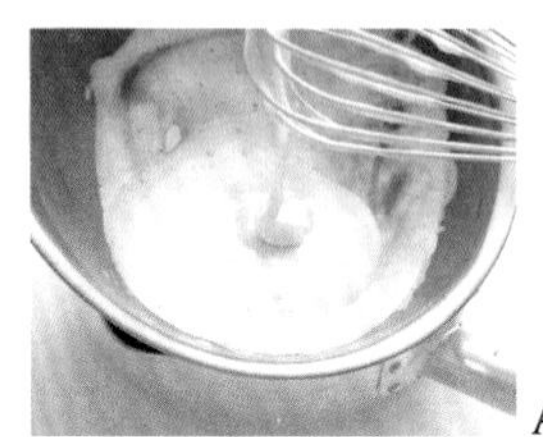

A

B

C

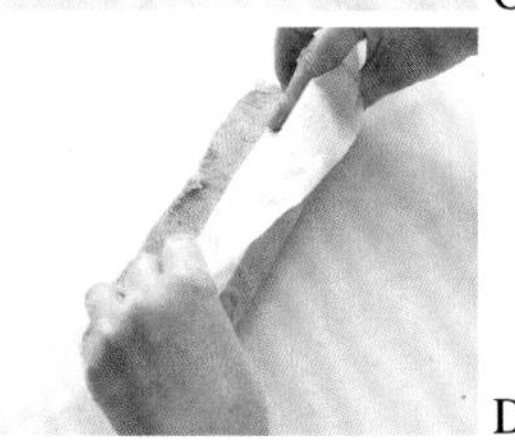

D

1 將蛋打入調理盆中，一邊隔水加熱，一邊將蛋液打至起泡。分2至3次加入砂糖，將全蛋打發至八分，呈濃稠狀（A）。

2 在來米粉與抹茶混合後，加入**1**中攪拌。

3 將**2**的麵團放置於烘焙紙上，擀成24×17cm大小的麵皮。

4 在微波爐內鋪上一張沾濕的廚房紙巾，將麵團連同烘焙紙放置於濕紙巾上，麵團表面蓋上一層烘焙紙，在烘焙紙上再鋪一張沾濕的廚房紙巾（B），最後放入微波爐加熱2分30秒。

＊表面與底層分別以沾濕的廚房紙巾作隔離，使蒸出來的海綿蛋糕口感濕潤。

5 在白豆沙中加入少許熱水，攪拌至綿密細緻。塗抹在**4**的抹茶海綿蛋糕體上，並抹上一層薄薄的鮮奶油（C），尾端收口處邊緣預留2cm不塗抹，最後將海綿蛋糕捲起（D）即完成。

＊以烘焙紙代替捲簾。

迷你桃山

象徵秋意氣息的柿子、栗子、松茸菓子，包裹著豆沙內餡，不僅造型吸睛，口感也帶著濃濃的懷舊好滋味。

材料（15份）※蛋素

白豆沙 ………… 150g

紅豆泥 ………… 150g

細糯米粉 ………… 5g

蛋黃 ………… 1顆

甜料酒 ………… 少許

罌粟籽 ………… 適量

（烹飪用具）刷子

1 將½的蛋黃加入白豆沙中，攪拌均勻，以微波爐加熱1分鐘後，放涼備用。

＊將蛋黃打散後，分成2等分。

2 紅豆泥每10g揉成1顆圓球。

3 將細糯米粉撒入1中後，搓揉均勻（A），再分成15等分，包入2的紅豆球。

4 將麵皮搓揉成柿子、栗子、松茸及樹葉等造型，並將少許甜料酒加入剩下的蛋黃液中，以刷子沾取蛋液刷在麵皮上（C）。

＊松茸造型的作法是，將麵團擺在手掌上，以食指滾動使麵團成形（B）。

＊在栗子造型的表面塗上蛋黃液後，再沾上罌粟籽。

5 以烤麵包機將表面烤至焦糖色。

＊覆蓋保鮮膜靜置至隔天，口感會更濕潤。

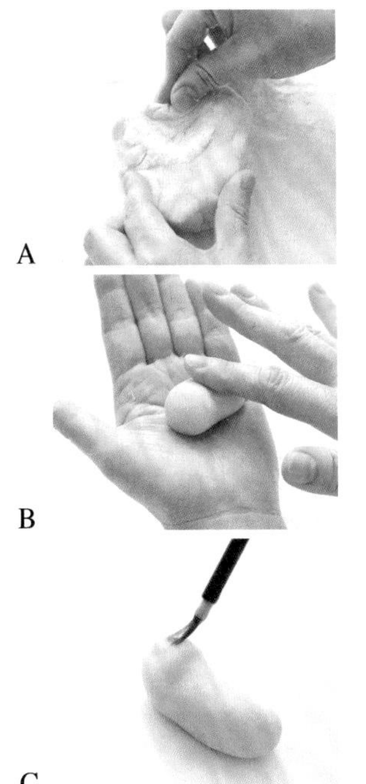

A

B

C

十一月

初雪

大和芋練切菓子

宛如入冬落下的純淨白雪。拌入比白豆沙更雪白的大和芋，製作屬於冬天的練切菓子。

材料（10份）

大和芋 ············ 100g（淨重）

白豆沙 ············ 150g

紅豆泥 ············ 150g

（烹飪用具）篩網・竹籤

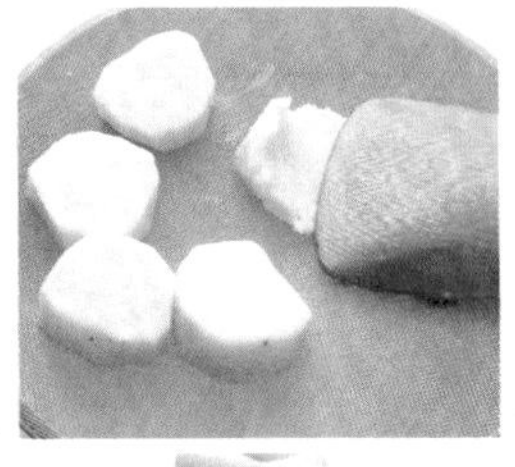

A

B

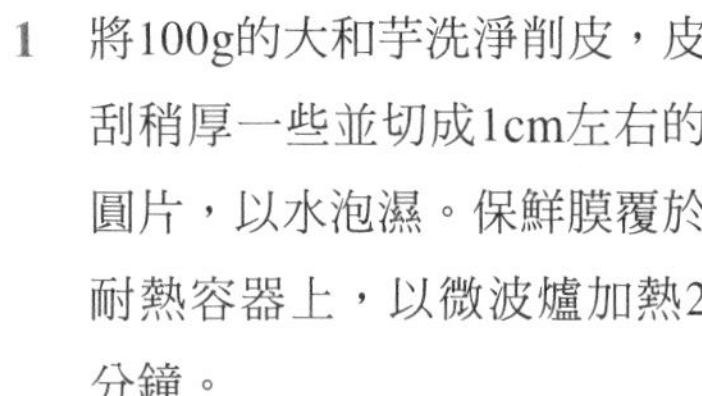

1 將100g的大和芋洗淨削皮，皮刮稍厚一些並切成1cm左右的圓片，以水泡濕。保鮮膜覆於耐熱容器上，以微波爐加熱2分鐘。

2 將1過篩壓成泥（A），與白豆沙一起攪拌後，分成10等分揉圓。

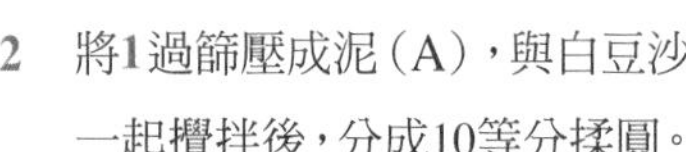

3 紅豆泥分成10等分，分別揉圓備用。

C

4 將2的練切麵團壓篩（B）成顆粒狀，以竹籤在3的紅豆球表面，裝飾上顆粒（C）。

＊一般的篩網壓出較細的顆粒。

＊最後以竹籤將表面刮成圓球形（D）。

D

峰の紅葉

藉由顆粒感的麵團呈現紅葉染紅山巒的景象，屬於秋天的色調，值得細細欣賞品味。

材料（12×8×4cm的模型1個）
白豆沙 ………… 300g
細糯米粉 ………… 16g
食用色素（紅‧黃）
甘納豆 ………… 少許
（烹飪用具）12×8×4cm的模型篩網

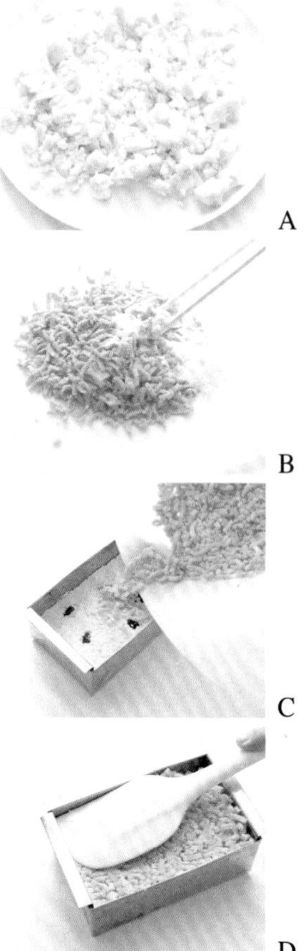

A B C D

1 將白豆沙平鋪在盤子上，以微波爐加熱3分鐘，使水分蒸發呈粒粒分明狀（A）。

2 將1分成一半，一半以溶解後的食用色素染成黃色，另一半以黃色混合少許紅色染成朱紅色。

3 將細糯米粉每4g分成一份，共分成四份，分別在黃色與朱紅色麵團中各加入4g的細糯米粉攪拌均勻，然後靜置約15分鐘。

4 將黃色與朱紅色麵團分別放在粗篩網上，壓篩成顆粒狀，接著再各加入4g的細糯米粉，輕輕地稍微攪拌一下，避免讓顆粒變形（B）。

＊拌入細糯米粉，保留麵團的顆粒感。

5 將黃色麵團倒入模型的同時，也將甘納豆加入其中，表面壓平後，接著倒入朱紅色麵團（C），再壓一次，使表面變得平整（D），稍微靜置後切塊即完成。

生八橋

肉桂風味的外皮夾著紅豆球，自家手作的生八橋竟是如此簡單美味！

材料（8份）
白玉粉 ………… 20g
上新粉 ………… 30g
砂糖 ………… 40g
水 ………… 80cc
肉桂粉（手粉）………… 2大匙
顆粒紅豆餡 ………… 80g
（烹飪用具）擀麵棍

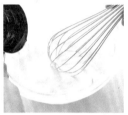

1 將顆粒紅豆餡分成8等分，分別揉圓備用。

2 白玉粉倒入耐熱容器中，水分次一點一點地加入攪拌至滑順（A），再加入上新粉及砂糖以攪拌器拌勻。

＊白玉粉攪拌至糊狀。

3 保鮮膜覆於耐熱容器上，放入微波爐加熱3分鐘。自微波爐取出後稍微攪拌，待涼後將麵團揉成一塊。

4 將白玉麵團取出，放置於鋪有肉桂粉的砧板上，以肉桂粉作為手粉，並以擀麵棍將麵團擀成12×24cm的薄皮（B）。

5 切成8片邊長6cm的正方形（C），夾住1的紅豆球後，將外皮對摺成三角形（D）。

A

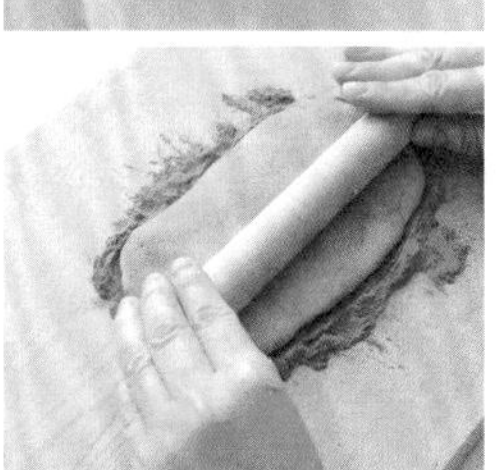
B

C

D

甜鹹丸子

無論是丸子還是醬汁皆可以微波爐輕鬆完成。賞月、郊遊、伴手禮……不妨自製一份人氣Q彈的丸子，送出心意吧！

材料（6人份・1人份5顆）

上新粉 ………… 140g

白玉粉 ………… 60g

水………… 240cc

甜鹹醬

- 醬油 ………… 2大匙
- 砂糖 ………… 50g
- 水 ………… 120cc
- 太白粉 ………… 2大匙

1 白玉粉倒入耐熱容器中，水分次一點一點地加入攪拌至滑順（A），再加入上新粉攪拌均勻。

＊白玉粉攪拌至糊狀。

2 保鮮膜覆於耐熱容器上，放入微波爐加熱4分鐘，中途取出以木勺攪拌均勻，再次以微波爐加熱4分鐘。加熱完成後取出，放置於濕布巾上，隔著濕布巾將麵團搓揉至光滑。

3 手沾濕先將麵團分成一半，再將一半分成15等分揉圓。剩下的另一半也以相同方式揉圓，共製作30顆。

4 將甜鹹醬材料倒入耐熱容器中，微波爐設定為2分30秒，每隔30秒取出，以攪拌器攪拌，共取出3次（B）（C）。剩餘的加熱時間也持續微波，取出後再充分攪拌（D）。

5 將5顆丸子擺在盤子上，淋上甜鹹醬即完成。

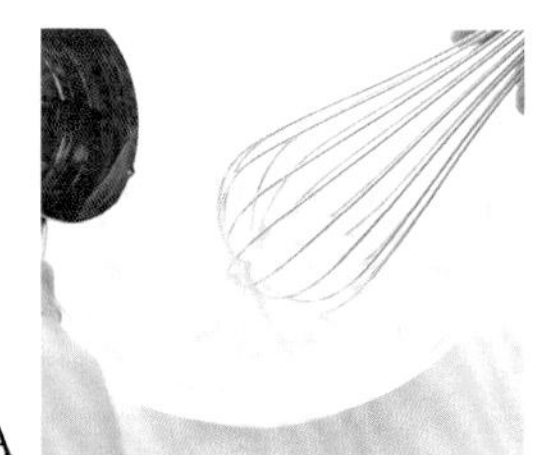

A

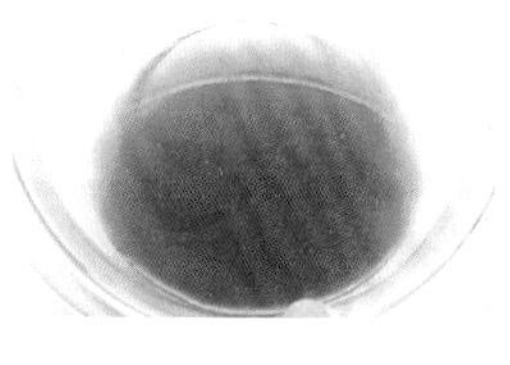

B

C

D

柚香

練切菓子

柚子皮拌入切麵團中，散發出清爽的柚子香氣，最後點綴上柚子葉片，不僅美味更饒富趣味。

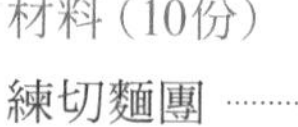

材料（10份）

練切麵團 ⋯⋯⋯⋯ 280g

紅豆泥 ⋯⋯⋯⋯ 150g

柚皮泥 ⋯⋯⋯⋯ ½顆

食用色素（黃・綠・紅）

（烹飪用具）牙籤

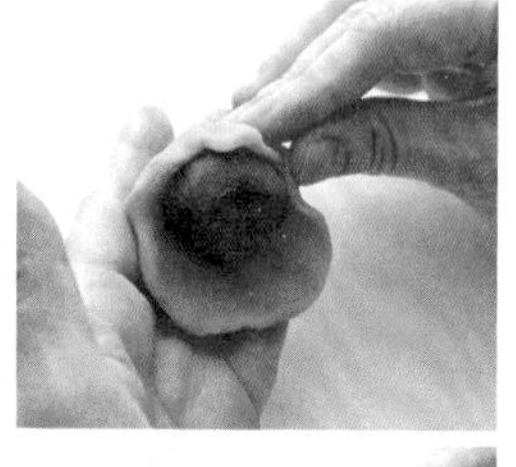

A

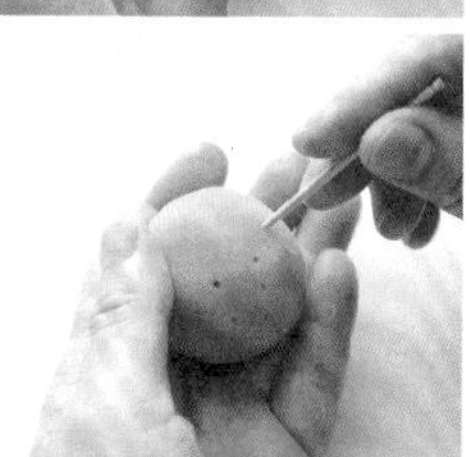

B

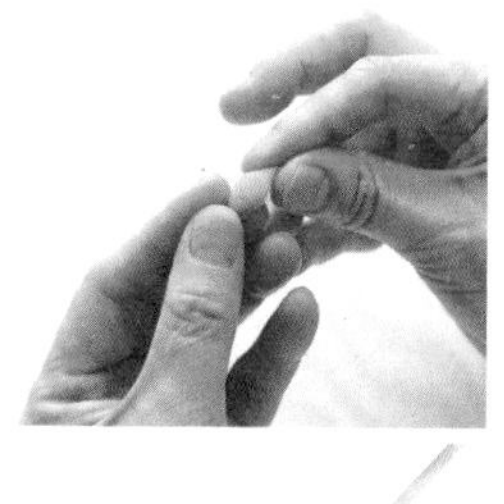

C

D

1 紅豆泥分成10等分，分別揉圓備用。

2 將磨成泥的柚子皮拌入練切麵團中，攪拌均勻後，取出20g麵團，以溶解後的綠色與黃色食用色素染成黃綠色；剩下的麵團以紅色與黃色食用色素染成柚子色後，分成10等分揉圓。

3 柚子色麵團中包入1的紅豆球（A）後，揉成圓形，再以牙籤於表面輕輕戳出小洞（B）。

4 取少量黃綠色麵團，捏成葉子的形狀（C），並以刀背畫上葉脈（D）。最後再捏一點點麵團揉圓，製作果蒂，裝飾於柚子麵團上即完成。

金鍔

顆粒紅豆餡加入寒天凝固後，表面沾上麵衣油煎，就完成了此款歲末問候時的傳統伴手禮喔！

材料（12份）※蛋素

顆粒紅豆餡 …… 500g
寒天粉 …… 4g
水 …… 200cc
細砂糖 …… 30g
鹽 …… 少許
麵衣
- 白玉粉 …… 5g
- 水 …… 70cc
- 麵粉 …… 50g
- 砂糖 …… 1大匙
- 蛋白 …… 15g
- 沙拉油 …… 少許

（烹飪用具）14×11cm的模型

1 將水與寒天粉倒入大的耐熱容器中，攪拌均勻（A）（B）後，以微波爐加熱4分鐘。

＊為了讓寒天完全溶解，一定要加熱至沸騰。

2 在1中加入細砂糖及鹽攪拌，再放入顆粒紅豆餡，持續攪拌均勻後，倒入模型中。

3 將白玉粉放入調理盆中，再一點一點地加入35cc的水，攪拌至滑順後，再加入麵粉、砂糖及蛋白，並以攪拌器攪拌。完成後再將剩下35cc的水，一點一點地加入盆中，覆蓋保鮮膜靜置20分鐘。

4 將凝固的顆粒紅豆餡2從模型中取出，切成12等分。

5 平底鍋開小火，以沾有沙拉油的廚房紙巾輕抹薄薄一層油。在顆粒紅豆餡的一面沾上3的麵衣（C），煎約15秒使麵衣酥脆，六個面依相同步驟製作即完成。

＊要一面一面地沾完麵衣之後再煎。

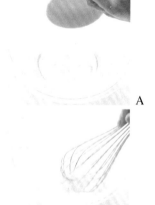

A

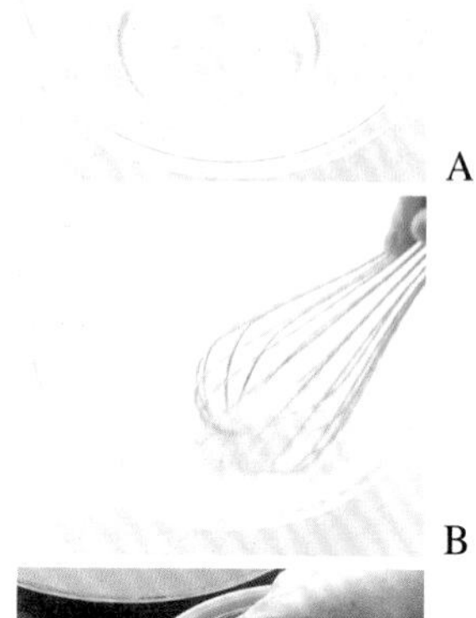

B

C

日式核桃糕

糖煮地瓜・生薑・柚子皮

日式核桃糕

Q彈可口的蒸糕也能動手自己作，加入核桃讓口感更豐富有嚼勁。

材料（10份）
白玉粉 ………… 50g
水 ………… 150cc
麵粉 ………… 80g
砂糖 ………… 100g
醬油 ………… 1½大匙
核桃 ………… 30g
糯米紙粉或太白粉 ………… 適量
（烹飪用具）烘焙紙 ………… 2張

A

B

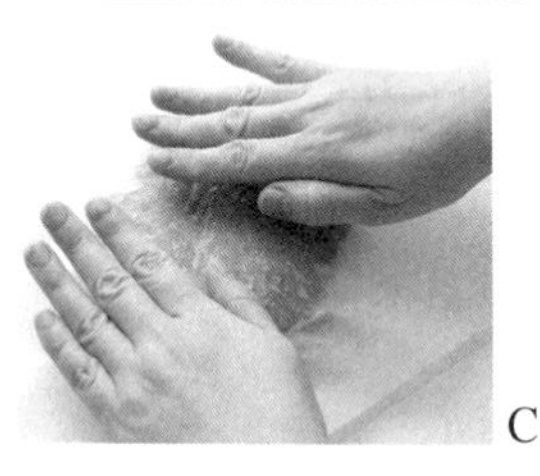

C

D

1 白玉粉倒入耐熱容器中，水分次一點一點地加入，攪拌至滑順後，加入砂糖、醬油及過篩的麵粉攪拌均勻。再將粗顆粒狀的核桃加入盆中。

＊白玉粉攪拌至糊狀。

2 保鮮膜覆於耐熱容器上，放入微波爐加熱3分鐘後，取出攪拌（A），再放進微波爐加熱2分鐘，取出後再攪拌（B）。

3 將麵團取出放置於烘焙紙上，於麵團上方再蓋一層烘焙紙，並以手按壓（C），壓成1cm厚的四角形後靜置待涼（D）。待涼後切塊，在切口處抹上糯米紙粉或太白粉即完成。

糖煮地瓜・生薑・柚子皮

一次作好幾種屬於冬天的零嘴，就能保存久一些。
可選用冬季產的根菜或柑橘類的果皮來製作。

材料（易於製作的分量）
地瓜 ⋯⋯⋯⋯ 200g
生薑 ⋯⋯⋯⋯ 50g
柚子皮 ⋯⋯⋯⋯ 50g
砂糖 ⋯⋯⋯⋯ 300g
水 ⋯⋯⋯⋯ 150cc
細砂糖 ⋯⋯⋯⋯ ½杯
（烹飪用具）烘焙紙 ⋯⋯⋯⋯ 1張

1 將地瓜連皮切成1.5cm厚的圓片，稍微汆燙一下。
生薑削皮後切成薄片，加滿水煮熟後，將煮過的水倒掉，反覆數次後瀝乾。
柚子皮先煮過，去苦味。

2 將砂糖、水、地瓜、生薑及柚子皮倒入大的耐熱容器中，以微波爐加熱10分鐘後取出攪拌，再加熱10分鐘，取出攪拌後再加熱10分鐘，取出後靜置待涼（A）。

3 裹上細砂糖後，排放在烘焙紙上，放置乾燥。
＊加熱時間變長，會導致調理盆溫度升高，請小心不要燙傷。

A

【顆粒紅豆餡】

材料（成品約450g）

紅豆 .... 1杯（150g）

砂糖 160g

水飴 1大匙

鹽 .... 少許

1 將紅豆泡水一個晚上。

2 將泡過紅豆的水倒掉，再將紅豆倒入鍋中，鍋內加滿水，以中火煮約10分鐘後，倒在篩網上瀝乾，以去除澀味。

3 再將紅豆倒回鍋中並加滿水，火侯調整至讓紅豆在鍋中輕輕滾動的大小（A），熬煮40至60分鐘。

＊熬煮時要適時撈去浮沫，水變少時添加適量的水，使水位維持在蓋過紅豆的高度。

4 紅豆煮到脫殼變得柔軟後，將鍋中的水倒掉，再加入砂糖（B）。

＊靜置約1小時，讓紅豆與砂糖充分混合。

5 一邊以中火熬煮，一邊以木勺攪拌，以避免燒焦（C）。

6 紅豆煮至濃稠後就轉小火，加入水飴拌勻（D），最後再加鹽。

＊加入水飴會使紅豆餡產生光澤，且具有保濕效果。

7 以木勺分次舀出紅豆餡，每次的份量約木勺一瓢的量，舀出後分別排放在烘焙紙上（E），靜置待涼。

C
A
D
B
E

【紅豆泥】

材料（成品約370g）
紅豆 ………… 1杯（150g）
砂糖 ………… 150g

1 紅豆以水浸泡一個晚上。
2 將泡過紅豆的水倒掉，再將紅豆倒入鍋中，鍋內加滿水，以中火煮約10分鐘後，倒在篩網上瀝乾，以去除澀味。
3 再將紅豆倒回鍋中並加滿水，火侯調整至讓紅豆在鍋中輕輕滾動的大小，熬煮40至60分鐘。
＊熬煮時要適時撈去浮沫，水變少時要加適量的水，使水位維持在蓋過紅豆的高度。
4 紅豆煮到脫殼變得柔軟後，將鍋中的水倒掉，再將紅豆倒進食物調理機中打約2秒鐘（A）。
5 準備一個裝有水的大調理盆，將**4**倒入浸在水中的篩網中，以木勺攪拌使紅豆渣過篩（B），取出殘留在篩網上的紅豆皮（C）。
6 在篩網上鋪上一條擰乾的廚房布巾，倒入一半的紅豆水（D）。
7 束緊廚房布巾，用力擠壓出水分（E）。
8 另一半的紅豆水也以相同方式完成。
9 將生紅豆餡倒入鍋中，加入砂糖後，一邊以木勺攪拌，一邊煮至濃稠即可（F）。
10 以木勺分次舀出紅豆餡，每次的份量約木勺一瓢的量，舀出後分別排放在烘焙紙上（G），靜置待涼。

E
A
F
B
G
C
D

【白豆沙】

材料（成品約300g）
白豆 ············ 少於1杯（150g）
砂糖 ············ 120g

1 將白豆泡水一個晚上。
2 將泡過白豆的水倒掉，再將白豆倒入鍋中，鍋內加滿水，以中火煮約10分鐘後，將白豆放在篩網上瀝乾，以去除澀味。
3 再將白豆倒回鍋中並加滿水，火侯調整至可讓白豆在鍋中輕輕滾動的大小（A），熬煮20分鐘。
4 倒在篩網上，剝除每粒白豆的外皮（B）。
5 再將白豆倒回鍋中並加滿水，熬煮20至30分鐘，煮至白豆完全變軟即可。
6 將白豆的水分瀝乾，分次在篩網上放上少量白豆，以木勺過篩壓成泥狀（C）。
7 將**6**倒入鍋中並加入砂糖，一邊以木勺邊攪拌，一邊以小火煮至濃稠即可（D）。
8 以木勺分次舀出白豆沙，每次的份量約木勺一瓢的量，舀出後分別排放在烘焙紙上（E），靜置待涼。
＊依白豆大小調整熬煮的時間。

C
A
D
B
E

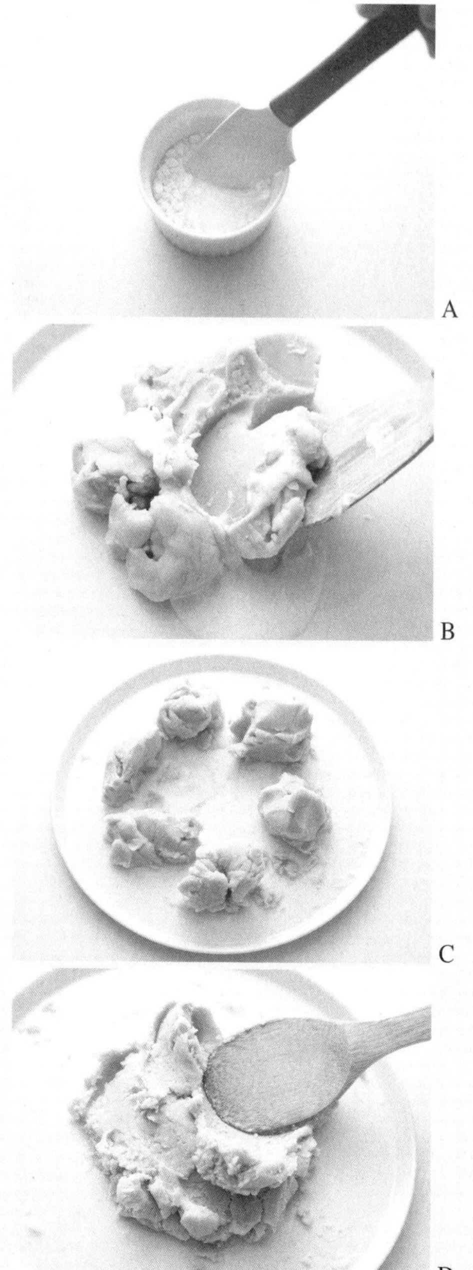

【練切麵團】

材料

白豆沙 ………… 300g

白玉粉 ………… 5g

水 ………… 1大匙

1 將白玉粉與水倒入小的調理盆中攪拌均勻（A）。

2 將白豆沙加入1中攪拌均勻（B），為了讓麵團均勻受熱，將麵團再分成一個個小麵團，放在微波爐的轉盤或耐熱盤上，排成環狀（C），以微波爐加熱3分鐘。

＊微波爐加熱後，麵團會稍微膨脹。

3 加熱後取出麵團，並攪拌至滑順（D），蓋上廚房布巾靜置待涼。

4 待稍微冷卻後，再以手搓揉成塊。

＊取少量麵團揉圓。以手指按一下，若會裂開表示麵團太乾，請將手沾濕再搓揉，以調整麵團的軟硬度。

【麵團的分法】 求肥麵團

1 將麵團揉成一塊，取出放置於鋪有太白粉或黃豆粉等粉類的盤子上，並在表面裹上一層粉（A）。

＊為了避免粉類跑進麵團中，因此將麵團揉成一塊。

2 將麵團分成一半後，再均分成數等分（B）．（C）。

A

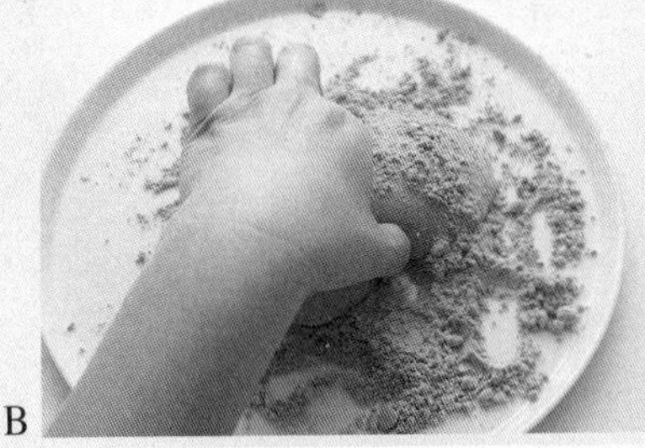
B

C

【紅豆餡的分法】

1 將紅豆餡對分成一半後，再均分成數等分（A）。

2 在掌心間邊滾動邊揉圓（B）．（C）。

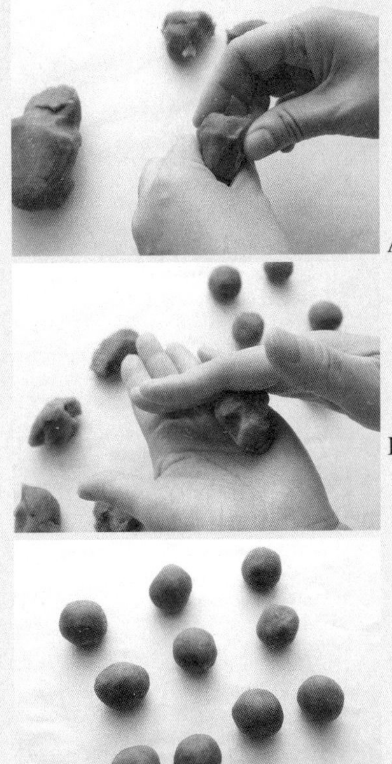
A
B
C

【紅豆餡的包法】 練切麵皮

1 將麵團揉圓稍微壓扁後，捏成中間厚邊緣薄的麵皮，再包入紅豆餡並捏出皺褶（A）·（B）。

2 最後捏緊收尾即可（C）。

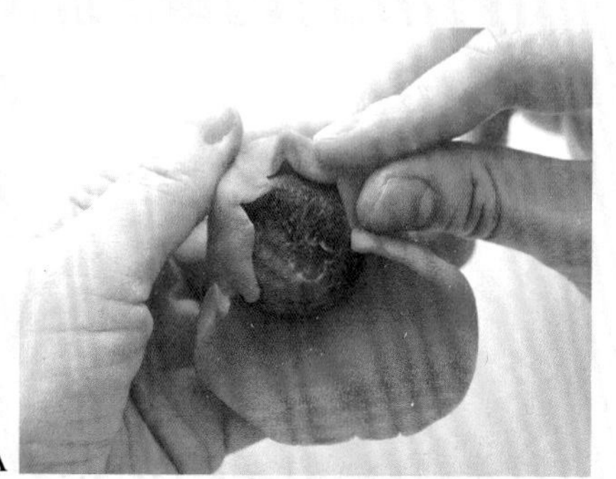

A

B

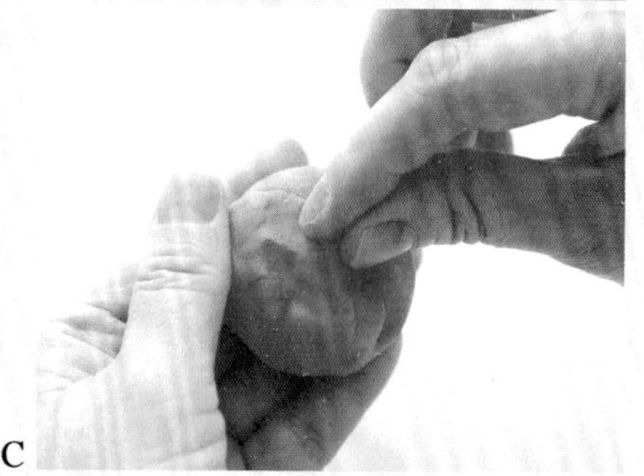

C

【紅豆餡的包法】 求肥麵皮

1 手沾手粉，一邊捏轉麵皮，一邊包入紅豆餡（A）。

2 最後用力捏緊收尾即可（B）。

A

B

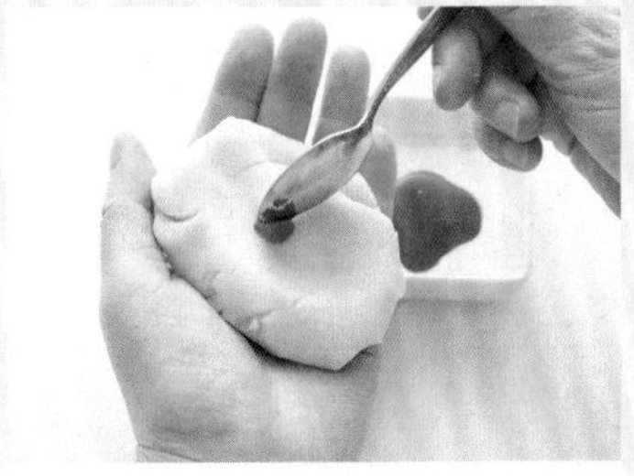
A

B

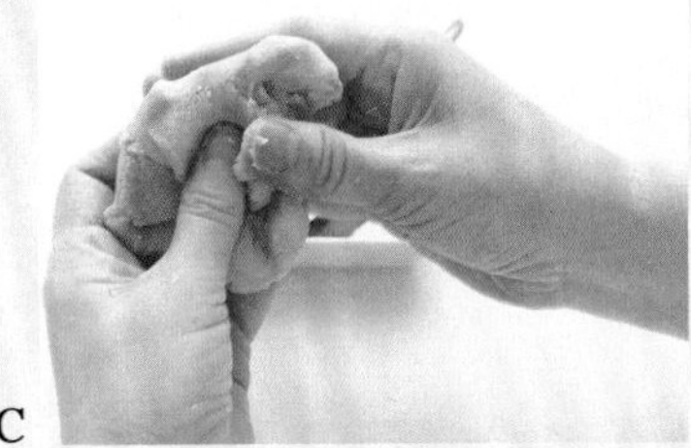
C

【染色方法】

1 將約30mg的食用色素色粉溶解於2至3滴的水中。

2 以湯匙前端先取少量的1沾於麵團上（A），搓揉麵團直至顏色均勻即可(B)・(C)。

＊先使用少量的食用色素，視調出的顏色深淺，再酌量添加。

＊混合多種顏色時，將各種顏色的色粉分別溶解於水中。先將麵團染成一種顏色後，再一點點加入其他顏色調配出想要的顏色。

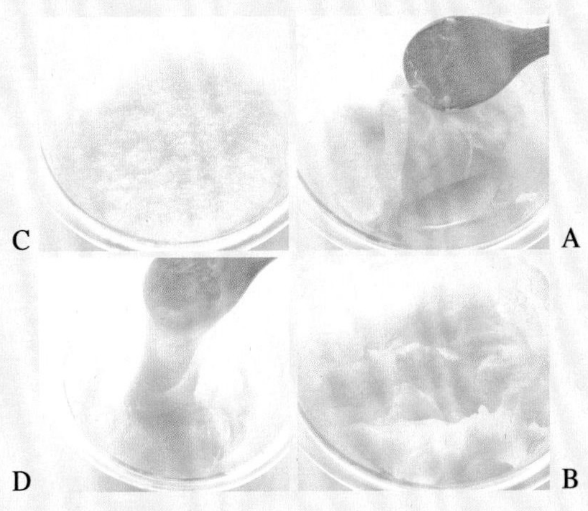
C A
D B

【微波爐的使用方法】

麵團的製作

1 以微波爐加熱麵團內部不易熟透，因此中途要適時攪拌麵團（A)・(B）。

2 加熱完全後也要充分攪拌均勻（C)・(D）。

和菓子常用粉類

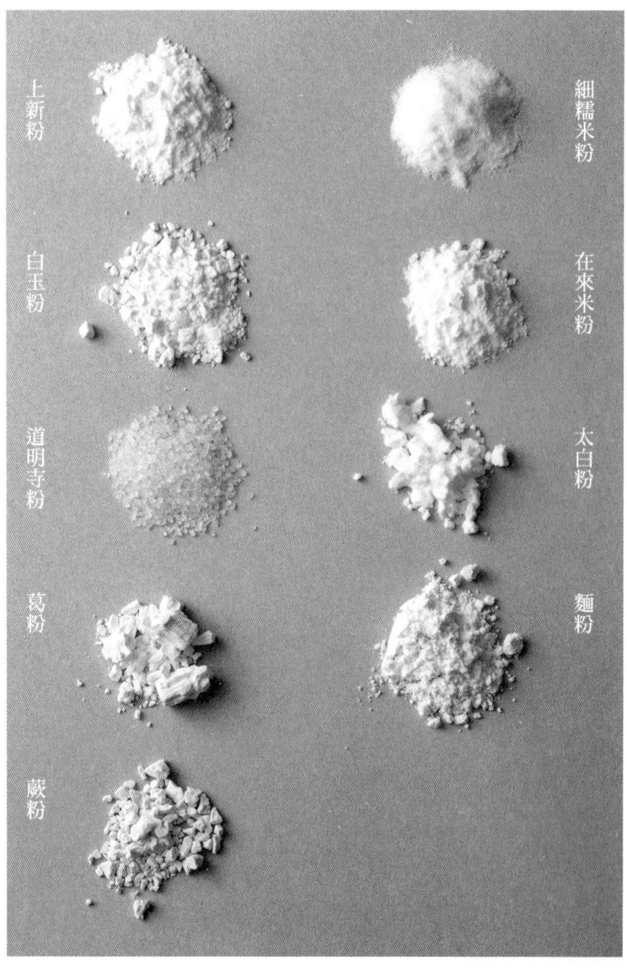

【細糯米粉】將蒸熟的糯米糰擀薄，待糯米皮半乾後，經烘烤磨粉製成。

【在來米粉】洗淨的粳米經乾燥磨粉製成。粉末的顆粒比上新粉細，相當於麵粉的細度。

【太白粉】由馬鈴薯粉製成。由於顆粒較細，常作手粉用。

【麵粉】和菓子是由低麩質的低筋麵粉製成。特徵是黏性弱，口感鬆軟。

【上新粉】洗淨的粳米經乾燥磨粉製成。富有嚼勁，常用於丸子或柏餅。

【白玉粉】糯米泡水磨成泥，再將泥狀的糯米泡水經乾燥處理而成。口感滑順，富彈性。

【道明寺粉】蒸熟的糯米乾燥後搗成一粒或半顆等各種粗細的顆粒。特徵是吃起來會有顆粒感。

【葛粉】將葛屬植物根部搗碎泡水，再經乾燥而成。口感滑順。

【蕨粉】由植物蕨菜根部萃取，並乾燥而成。黏性較葛粉強。

索引

烘焙良品 50

微波爐就能作！
輕鬆手揉12個月的和菓子

作　　者／松井ミチル
譯　　者／鄭昀育
發 行 人／詹慶和
總 編 輯／蔡麗玲
執行編輯／李佳穎
編　　輯／蔡毓玲・劉蕙寧・黃璟安・陳姿伶・白宜平
封面設計／韓欣恬
美術編輯／陳麗娜・周盈汝・翟秀美・韓欣恬
內頁排版／韓欣恬
出 版 者／良品文化館
郵政劃撥帳號／18225950
戶　　名／雅書堂文化事業有限公司
地　　址／220新北市板橋區板新路206號3樓
電子信箱／elegant.books@msa.hinet.net
電　　話／(02)8952-4078
傳　　真／(02)8952-4084

2015年11月初版一刷　定價 280元

總經銷／朝日文化事業有限公司
進退貨地址／235新北市中和區橋安街15巷1號7樓
電話／（02）2249-7714
傳真／（02）2249-8715

國家圖書館出版品預行編目(CIP)資料

微波爐就能作!輕鬆手揉12個月的和菓子 / 松井ミチル著 ; 鄭昀育譯. -- 初版. -- 新北市 : 良品文化館, 2015.11
　面；　公分. -- (烘焙良品 ; 50)
ISBN 978-986-5724-51-1(平裝)

1.點心食譜

427.16　　104019466

STAFF

和菓子製作助理
土屋史子／三ツ山幸子／治郎丸信子

書籍設計
佐藤芳孝（サトズ）

攝影
広瀬貴子

編輯協力
鈴木聖世美（アッシュ・ボン）

わがし

黃柚醬油求肥

核桃醬油求肥

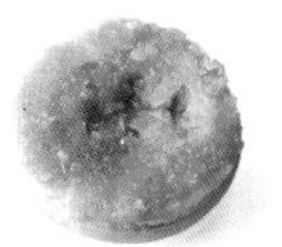

40種和菓子內餡的精緻甜點筆記

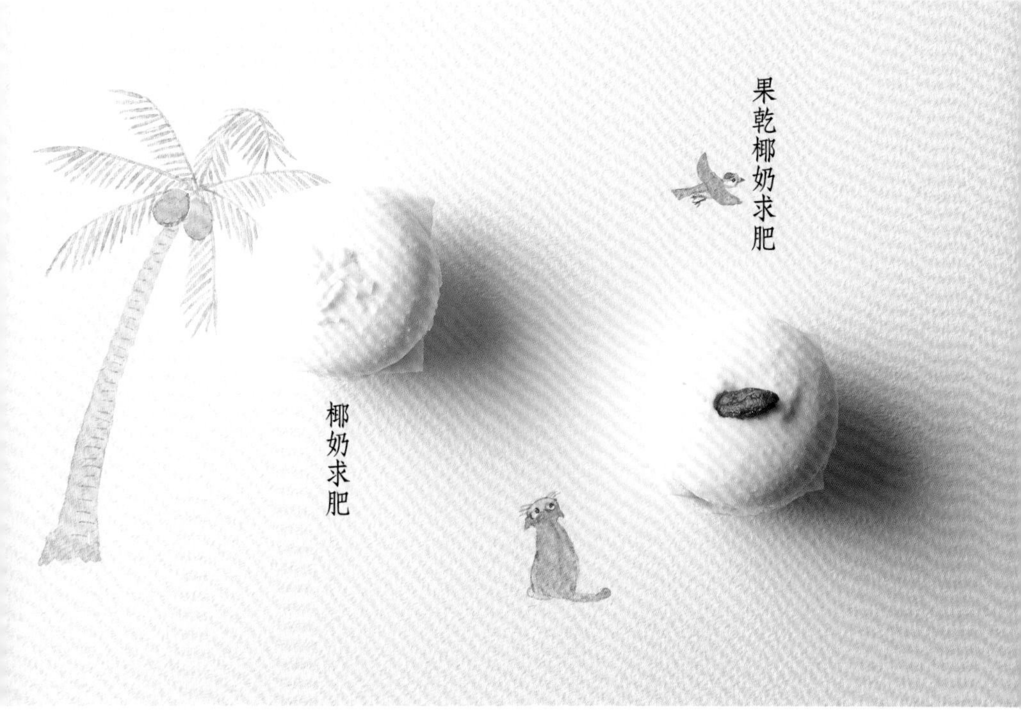

果乾椰奶求肥

椰奶求肥

和風新食感
超人氣白色馬卡龍
向谷地馨◎著
定價：280元